冷凍試験
2種・3種 法令
受験攻略テキスト

オーム社 [編]

本書を発行するにあたって，内容に誤りのないようできる限りの注意を払いましたが，本書の内容を適用した結果生じたこと，また，適用できなかった結果について，著者，出版社とも一切の責任を負いませんのでご了承ください．

本書は，「著作権法」によって，著作権等の権利が保護されている著作物です．本書の複製権・翻訳権・上映権・譲渡権・公衆送信権（送信可能化権を含む）は著作権者が保有しています．本書の全部または一部につき，無断で転載，複写複製，電子的装置への入力等をされると，著作権等の権利侵害となる場合があります．また，代行業者等の第三者によるスキャンやデジタル化は，たとえ個人や家庭内での利用であっても著作権法上認められておりませんので，ご注意ください．

本書の無断複写は，著作権法上の制限事項を除き，禁じられています．本書の複写複製を希望される場合は，そのつど事前に下記へ連絡して許諾を得てください．

(社)出版者著作権管理機構
(電話 03-3513-6969, FAX 03-3513-6979, e-mail : info@jcopy.or.jp)

|JCOPY| ＜(社)出版者著作権管理機構 委託出版物＞

◇はしがき

　冷凍にかかわる高圧ガスを製造する施設において保安の業務を行う国家資格である冷凍機械責任者試験の受験方式には，次の2種類があります．

(1) 全科目受験方式

　冷凍機械責任者試験の法令，技術，学識の3科目（3冷では法令，技術の2科目）とも年1回（11月頃）の国家試験で受験する方式で，全科目を合格しなければなりません（科目留保制度がない）．

(2) 一部科目免除受験方式

　高圧ガス保安協会が年2回（2月頃と6月頃）行う技術検定試験に合格すると，修了証（無期限有効）が交付され，国家試験では法令の1科目だけを受験する方式です．検定試験が年2回と受験の機会があり，検定修了証を勝ち得ると後は法令科目だけを国家試験で目指すことになるので資格収得には堅実な手法です（特に2冷）．

表　科目免除の内容

試験の種類（略称で表記）	試験科目		
	法　令	保安管理技術	学　識
第1種冷凍機械（1冷）	受　験	免　除	免　除
第2種冷凍機械（2冷）	受　験	免　除	免　除
第3種冷凍機械（3冷）	受　験	免　除	－

　3冷及び2冷の学科試験で法令科目は，出題範囲及び難易度にあまり格差がないため，本書一冊で，3冷及び2冷の法令科目の合格を目指すために企画・作成されました．冷凍機械責任者試験の「法規」での問題では，高圧ガス保安法，高圧ガス保安法施行令，冷凍保安規則，容器保安規則（抄）等を集成した「高圧ガス保安法に基づく冷凍関係法規集」（公益社団法人　日本冷凍空調学会発行）から出題されています．この法規集を読破して受験に望むのは，大変な苦労を伴います．したがって，受験対策としては，既設の問題で出題の多い条文を各法令の関連を把握してつかみ，関連した既往問題を解いて理解を深めることです．

本書では，次のような構成を取り，繰り返し演習問題を行うことで，法令科目の合格を勝ち得ることを狙っています．
　1．高圧ガス保安法をベースに，関連法令を組み込むことにより法体制が把握しやすくなっています．
　2．「要点整理」で，できるだけ図や表を加え，重要なところを把握しやすくしています．また，受験の直前に見直し，再確認するのに活用できます．
　3．要点整理に基づき，さらに詳細に説明を加えています．重要なところは太字で強調し，さらに用語の意味や出題でのチェック事項などを側注で補足しています．
　4．「チェック」では，既往問題からピックアップし，学習したことの確認をします（紛らわしい表現に注意）．
　5．「実践問題」では，国家試験問題での演習を兼ねて，理解の再認識をします．
　6．6章の「実践総合問題」では，国家試験合格への実力試験となっていますので，今まで学んできた実力を測ります．合格に達しなかった場合や，間違い箇所は再度本書で学習して下さい．

　冷凍機械責任者の2冷及び3冷の法令問題は，本書を受験の友として，この一冊で合格するとともに，皆様が冷凍機械責任者の資格を取得することを心よりお祈り申しあげます．

2015年5月

オーム社書籍編集局

◇目　次

序章　冷凍機械責任者試験の「法規」を学ぶために知っておくこと …… *1*

1章　総　則 …… *11*
- 1-1　高圧ガス保安法の目的 …… *12*
- 1-2　高圧ガスの定義及び高圧ガスの用語の定義 …… *15*
- 1-3　高圧ガス保安法の適用除外 …… *20*

2章　事　業 …… *25*
- 2-1　高圧ガス製造の許可と届出 …… *26*
- 2-2　冷凍能力の算出基準 …… *31*
- 2-3　第一種製造者の法的規制Ⅰ（許可及び施設の変更） …… *35*
- 2-4　第一種製造者の法的規制Ⅱ（完成検査） …… *43*
- 2-5　第二種製造者の法的規制 …… *48*
- 2-6　製造設備の技術上の基準 …… *53*
- 2-7　製造方法に係る技術上の基準 …… *70*
- 2-8　貯　蔵 …… *76*
- 2-9　高圧ガスの販売・輸入及び消費 …… *85*
- 2-10　高圧ガスの移動 …… *89*
- 2-11　高圧ガスの廃棄 …… *97*

3章　保　安 …… *101*
- 3-1　危害予防規定 …… *102*
- 3-2　保安教育 …… *108*
- 3-3　冷凍保安責任者 …… *113*
- 3-4　保安検査 …… *124*
- 3-5　定期自主検査 …… *129*
- 3-6　危険時の措置，事故届及び火気等の制限 …… *137*
- 3-7　帳簿，事故届等 …… *142*

4章 容器等 … *147*
- 4-1 容器検査等 … *148*
- 4-2 容器の刻印等及び表示 … *157*

5章 指定設備 … *165*
- 5-1 認定指定設備 … *166*
- 5-2 指定設備に係る技術上の基準 … *172*
- 5-3 冷凍機器の製造 … *178*

6章 実践総合問題 … *185*
- 実践総合問題1 … *186*
- 実践総合問題2 … *200*

索引 … *216*

序章

冷凍機械責任者試験の「法規」を学ぶために知っておくこと

1. 高圧ガス保安法と冷凍機械責任者

冷凍機は，冷媒ガスを高圧に圧縮し，液化し，蒸発させることによって冷却，冷凍の仕事をさせ，ここに冷媒ガスを循環連続使用のために再圧縮する，いわゆる高圧ガスの製造を行っている．

このため，高圧ガスによる災害を防止するため，高圧ガスの製造，貯蔵，移動などの取扱いの規制が高圧ガス保安法によって定められており，高圧ガスを使用して，一定以上の規模の冷凍機を運転する場合，冷凍技術をもつ有資格者（冷凍機械責任者）が行わなければならないと規定されている．

高圧ガス製造は設備能力（その事業所の冷凍トン）の大きさの段階によって，それぞれ第1種，第2種，第3種の冷凍機械責任者免状を交付している．

事業者には，事業所ごとに冷凍機械責任者免状の保有者から，設備の保安責任者を選任することを義務づけている．

表1

製造施設の区分	製造保安責任者免状の交付を受けている者	高圧ガスの製造に関する経験
1日の冷凍能力が300トン以上のもの	第1種冷凍機械責任者免状	1日の冷凍能力が100トン以上の製造施設を使用してする高圧ガスの製造に関する1年以上の経験
1日の冷凍能力が100トン以上300トン未満のもの	第1種冷凍機械責任者免状又は第2種冷凍機械責任者免状	1日の冷凍能力が20トン以上の製造施設を使用してする高圧ガスの製造に関する1年以上の経験
1日の冷凍能力が100トン未満のもの	第1種冷凍機械責任者免状，第2種冷凍機械責任者免状又は第3種冷凍機械責任者免状	1日の冷凍能力が3トン以上の製造施設を使用してする高圧ガスの製造に関する1年以上の経験

2. 高圧ガス保安法の体系と冷凍関係法令

高圧ガス保安法は，「法律」→「政令」→「省令」→「告示」の4段階によって構成されている．

高圧ガス保安法は，高圧ガスによる災害を防止するため，高圧ガスの製造，貯蔵，販売，移動その他取扱い及び消費並びに容器の製造並びに取扱いなど，次のように冷凍関係のみでなく，コンビナートの石油化学工場やタンクローリーなどで高圧ガスを取り扱う場合の種々の規制を定めている．

○法律（国会で制定）
- 高圧ガス保安法

○政令（内閣で制定）
- 高圧ガス保安法施行令
- 高圧ガス保安法手数料令
- その他

○省令（経済産業大臣が制定）
- 一般高圧ガス保安規則（一般則）
- 液化石油ガス保安規則（液石則）
- コンビナート等保安規則（コンビ則）
- 特定設備検査規則（特定則）
- 冷凍保安規則（冷凍則）
- 容器保安規則（容器則）
- その他

○告示
- 高圧ガス保安法施行令関係告示
- 製造施設の位置，構造及び設備並びに製造の方法等に関する技術基準の細目を定める告示（通称：製造細目告示）
- 高圧ガス設備等耐震設計基準（通称：耐震告示）
- その他

また，法律や省令の解釈とか運用を定めた通達（別名：通牒）がある．このほかに学会，業界などが定める「自主基準」や地方公共団体が規定する「条例（細則）」などがある．

このように，高圧ガス保安法は，広範囲に及んでいるが，冷凍に関係する法令をまとめると，図1のようになる．冷凍機械責任者試験の「法規」での問題では，高圧ガス保安法，高圧ガス保安法施行令，冷凍保安規則，容器保安規則（抄）などを集成した「高圧ガス保安法に基づく冷凍関係法規集」（公益社団法人　日本冷凍空調学会発行）から出題されている．

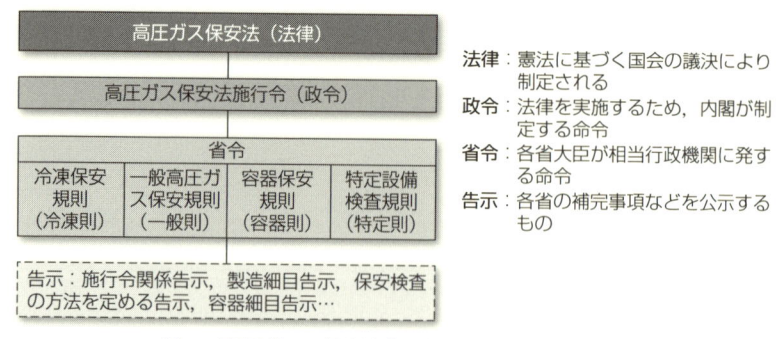

図1 高圧ガスの保安法令の体系（冷凍関連法令）

3. 法令の読み方

(1) 条，節，項，号の関連

　高圧ガス保安法関係の法律集には，「第三十八条第1項の第一号…」とか，「第四十条から第五十六条の2の2まで…」というように，「項」や「号」などの用語が頻繁に用いられている．項や号などは，法令の基本形式のルールに基づいて用いられているので，よく理解しておかないと条文を正しくつかむことができない．
(イ) 条
　法令は，いわば箇条書きの集合体である．条を書き並べたものが箇条書きの文章（条文）であり，法令を構成する基本的な単位が「条」である．複数の条がある場合には，第一条から順に漢数字で番号を振ってゆくのが一般的である（本書では，横書きの文書であるので，読みやすいようアラビア数字に置換して記載する）．
　また，条と条の間などに新たな条を挿入する際には，その挿入した条の条名に枝番号を付して，「第○条の○」といった形で表記する．

[条の挿入の例]
　第1条と第2条の間に新たに条を挿入する場合，挿入した条の条名を第1条の2とする．
　・第1条　…
　・第1条の2　…（←新たに挿入された条）
　・第2条　…

　なお，枝番号付きの条もそうでない条も，同じ条として対等に扱われ，両者間に主従関係はない．

また，ある条を削除する場合には，「第○条　削除」といった形で表記することにし，条そのものは残すことになる．

(ロ) 編・章・節・款・目

　条文数の多い法令は，その内容的なまとまりごとに「章」に区分し，章をさらに細分化する必要がある場合には，章の中に「節」を設ける．それでも足りなければ，「款」→「目」の順に細分化していく．なお，章よりさらに上位レベルで区分を設ける際には「編」が設けられる．

　章・節などの区分がある法律であっても，条文を引用するときには，「○○法第1章第3節第55条」などとはしない．条文番号は通し番号なので，「○○法第55条」としている．

〈高圧ガス保安法の構成〉
第1章　総則（第1条～第4条）
第2章　事業（第5条～第25条の2）
第3章　保安（第26条～第39条）
第3章の2　完成検査及び保安検査に係る認定（第39条の2～第39条の12）
第4章　容器等
　第1節　容器及び容器の附属品（第40条～第56条の2の2）
　第2節　特定設備（第56条の3～第56条の6の23）
　第3節　指定設備（第56条の7～第56条の9）
　第4節　冷凍機器（第57条～第58条の2）
第4章の2　指定試験機関等
　第1節　指定試験機関（第58条の3～第58条の17）
　第2節　指定完成検査機関（第58条の18～第58条の30）
　第2節の2　指定輸入検査機関（第58条の30の2）
　第2節の3　指定保安検査機関（第58条の30の3）
　第3節　指定容器検査機関（第58条の31）
　第4節　指定特定設備検査機関（第58条の32）
　第5節　指定設備認定機関（第58条の33）
　第6節　検査組織等調査機関（第58条の34～第59条）
第4章の3　高圧ガス保安協会
　第1節　総則（第59条の2～第59条の8）
　第2節　会員（第59条の9～第59条の11）
　第3節　役員，評議員及び職員（第59条の12～第59条の27）
　第4節　業務（第59条の28～第59条の30の2）
　第4節の2　財務及び会計（第59条の31～第59条の33の2）
　第5節　監督（第59条の34，第59条35）

```
　　第6節　解散（第59条の36）
　第5章　雑則（第60条〜第79条の2）
　第6章　罰則（第80条－第86条）
　附則
```

(ハ) 項

　条の中に必ず一つ以上，区分される内容ごとに条文を区切って改行し，区分されたまとまりを「項」と呼ぶ．

　項は条項の段落であるため，通常第2項以降はアラビア数字（1，2，3，…）で項番号が付される．

```
［項番号の例（高圧ガス保安法）］
第11条　第一種製造者は，製造のための施設を，その位置，構造及び設備が第8条第1号の技術上の基準に適合するように維持しなければならない．（←第11条第1項）
2　第一種製造者は，第8条第二号の技術上の基準に従つて高圧ガスの製造をしなければならない．（←第11条第2項）
3　都道府県知事は，第一種製造者の製造のための施設又は製造の方法が第八条第一号又は第二号の技術上の基準に適合していないと認めるときは，その技術上の基準に適合するように製造のための施設を修理し，改造し，若しくは移転し，又はその技術上の基準に従つて高圧ガスの製造をすべきことを命ずることができる．（←第11条第3項）
```

(ニ) 号

　条文のなかでいくつかの事項を列記する必要がある場合には，「号」を用いる．条・項がいずれも一つの文として成立しているのに対して，号は，事物の名称や，「〜すること」のような名詞節の形になっている．

　号の冒頭には号名が付され，通常は漢数字が用いられる．また，号の挿入などの際には条名と同様に枝番号が付される．

　号の内容をさらに細分化して列記するときには，まず「イ，ロ，ハ，…」を用い，以降，細分化のレベル順に「(1)，(2)，(3)，…」「(i)，(ii)，(iii)，…」が用いられる．

```
［号番号の例（高圧ガス保安法）］
第2条　この法律で「高圧ガス」とは，次の各号のいずれかに該当するものをいう．
　一　常用の温度において圧力（ゲージ圧力をいう．以下同じ．）が1MPa以上となる圧縮ガスであつて現にその圧力が1MPa以上であるもの又は温度35度におい
```

て圧力が1MPa以上となる圧縮ガス（圧縮アセチレンガスを除く）（←第2条第1項第一号）
二　常用の温度において圧力が0.2MPa以上となる圧縮アセチレンガスであって現にその圧力が0.2MPa以上であるもの又は温度15度において圧力が0.2MPa以上となる圧縮アセチレンガス（←第2条第1項第二号）
三　常用の温度において圧力が0.2MPa以上となる液化ガスであって現にその圧力が0.2MPa以上であるもの又は圧力が0.2MPaとなる場合の温度が35度以下である液化ガス（←第2条第1項第三号）
四　前号に掲げるものを除くほか，温度35度において圧力0Paを超える液化ガスのうち，液化シアン化水素，液化ブロムメチル又はその他の液化ガスであって，政令で定めるもの（←第2条第1項第四号）

(2) 接続詞の使い分け

条文中に「及び」,「並びに」,「又は」「若しくは」などの接続詞がよく使われている．これらの接続詞は，条文の構造を理解するうえで，よく理解することが重要である．

(イ) 併合的接続詞（英語の「and」）である「及び」,「並びに」,「かつ」の使い分け
・同じ段階の意味の語句を接続する場合には「及び」を用いる．

　例　|A及びB|，|A，B及びC|，|A，B，C及びD|

・二段階以上の意味になる場合は，一番小さな段階の接続に「及び」を用い，大きい方のほかの段階の接続に「並びに」を用いる．

　例　|A及びB|並びに|C及びD|，|A及びB|並びにC|並びにD|

・接続する語句が互いに密接不可分の関係（二つの語句が同時にみたされる）場合には「及び」や「並び」に代わって「かつ」を用いることもあるが，文章の場合には「かつ」を用いる．

「「及び」,「並びに」の使い分け例（高圧ガス保安法）」
第1条　この法律は，高圧ガスによる災害を防止するため，高圧ガスの製造，貯蔵，
　　　　　　　　　　　　　　　　　　　　　　　　　　　　　　　　　A　　B
販売，移動その他の取扱及び消費並びに容器の製造及び取扱を規制するとともに，
　C　　　　D　　　　　　　　　E　　　　　　F　　　　G

　　　　　|A，B，C，D及びE|並びに|F及びG|

民間事業者及び高圧ガス保安協会による高圧ガスの保安に関する自主的な活動を促進
　　　H　　　　I

7

> H 及び I
>
> し，もって公共の安全を確保することを目的とする．

（ロ）選択的接続詞（英語の「or」）である「又は」，「若しくは」の使い分け
・同じ段階の意味の語句を接続する場合には「又は」を用いる．
例　A 又は B ，　A, B 又は C ，　A, B, C 又は D
・二段階の意味の場合は，小さな段階の接続に「又は」を用い，大きい方の段階の接続に「若しくは」を用いる．

例　A 又は B 若しくは C 又は D

・三段階以上の意味の場合は，一番大きい段階の接続に「又は」を用い，その他の段階の接続には「若しくは」を用いる．

例　A 若しくは B 若しくは C 又は D

(3) その他の法律用語

（イ）「ただし」，「この限りでない」
・「ただし」は，主なる文章（本文）に対する除外例や例外事項又は注意事項を規定する場合に用いる（ただし書）．
・「この限りでない」は，前文の規定の全部又は一部を適用することを打ち消す場合に用いる．通常，主文章（本文）の後に「ただし」で始まる文章（ただし書）における述語として，主文章の規定の除外例を示すのに用いられる．

（ロ）「直ちに」，「遅滞なく」，「速やかに」
「直ちに」→「遅滞なく」→「速やかに」の順で時間的即時性が弱くなる．
・「直ちに」…何をさておいても直ぐに実行しなければならない．
・「遅滞なく」…正当な理由や合理的理由がない限り直ちに実行しなければならない．
・「速やかに」…できる限り早く実行しなければならない．

（ハ）「以上」，「以下」，「未満」，「超える」
数量的限定を示す場合の用語で，境界の数量を明確にしている．
・「以上」，「以下」は，基準点となる数量を含めていう場合に用いる．

・「未満」,「超える」は基準点となる数量を含めないでいう場合に用いる．

[[「以上」,「以下」,「未満」,「超える」の例（高圧ガス保安法施行令）]
第2条　法第3条第1項第四号の政令で定める設備は，ガスを圧縮，液化その他の方法で処理する設備とする．
2　（省略）
3　法第3条第1項第八号の政令で定める高圧ガスは，次のとおりとする．
　一　（省略）
　二　（省略）
　三　冷凍能力（法第5条第3項の経済産業省令で定める基準に従って算定した一日の冷凍能力をいう．以下同じ．）が3トン未満の冷凍設備内における高圧ガス（←**3トンは高圧ガス保安法の適用を受けない高圧ガスである．**）
　三の二　冷凍能力が3トン以上5トン未満の冷凍設備内における高圧ガスである（不活性のものに限る．）（←**不活性のフルオロカーボンでは，3トンは高圧ガス保安法の適用を受けるが5トンは高圧ガス保安法の適用を受けない高圧ガスである．**）
　四～八　（省略）

(4) 法手続き用語

① 許　可…原則的に禁止されていることを公的機関が審査して，特別な場合にその禁止を解除すること．
② 届　出…公的機関に文書を提出し，知らせること．
③ 認　定…公的機関が特定事項に対して同等と認めること．
④ 指　定…公的機関が一定の条件を必要とする資格を満たしたものを，限定して決めること．
⑤ 登　録…公的機関が一定の資格を備えたものを，帳簿に記載すること．

1章 総則

1-1 高圧ガス保安法の目的

要点整理

○ 高圧ガス保安法の目的

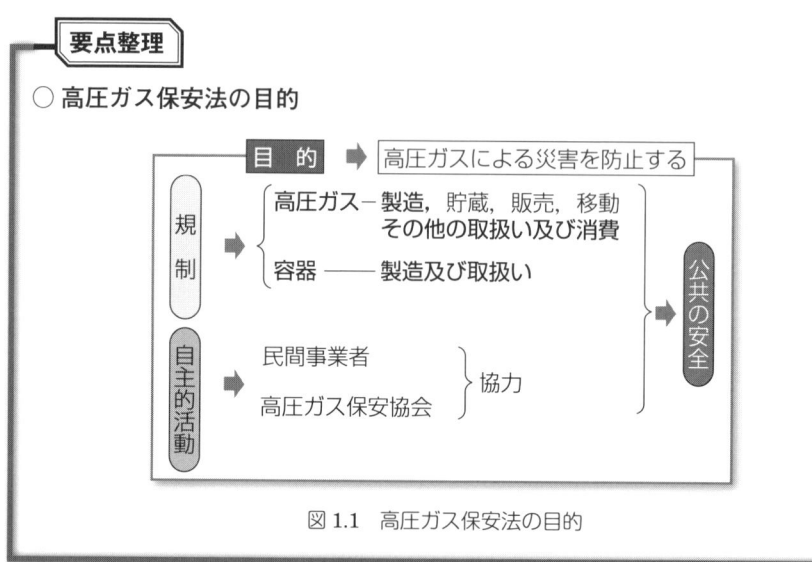

図 1.1 高圧ガス保安法の目的

・**高圧ガス保安法**は，高圧ガスの製造などの規制とともに民間事業者及び高圧ガス保安協会の保安に関する自主的な活動を促進することを定めている．

高圧ガス保安法は，高圧ガスによる災害を防止して公共の安全を確保する目的のため，高圧ガスの製造，貯蔵，販売，移動，廃棄，消費，容器の製造や取扱いについて法による規制（認可，許可，届出など）とともに，民間事業者及び高圧ガス保安協会による高圧ガスの保安に関する自主的な活動を促進することが定められている．

―― **法第1条（目的）** ――
　この法律は，高圧ガスによる災害を防止するため，高圧ガスの製造，貯蔵，販売，移動その他の取扱及び消費並びに容器の製造及び取扱を規制するとともに，民間事業者及び高圧ガス保安協会による高圧ガスの保安に関する自主的な活動を促進し，もつて公共の安全を確保することを目的とする．

コラム

[高圧ガスの製造]

　高圧ガスの製造とは，原料ガスの製造だけでなく，圧力や状態を変化させて人為的に高圧ガスを生成することや高圧ガスを容器に充てんすることをいい，一般的な製造とは定義が異なる．

　なお，冷凍設備では，一般的に冷媒を圧縮機で高圧ガスの状態にし，凝縮器で凝縮して液化するなど「高圧ガスの製造」に該当する．

```
高圧ガスの製造
├─ 圧力を変化させる場合 ─┬・圧縮機（コンプレッサ）で高圧ガスでないガスを高圧ガスにする
│                       ├・高圧ガスを圧縮機などでさらに高い圧力の高圧ガスにする
│                       └・圧力の高い高圧ガスを圧力の低い高圧ガスにする
├─ 状態を変化させる場合 ─┬・液化ガスを気化させ，気化したガスを高圧ガスにする
│                       └・気体を液化させ，液化したガスが高圧ガスにする
└─ 容器に充てんする場合 ──・大きな容器から小さな容器へ充てんする
```

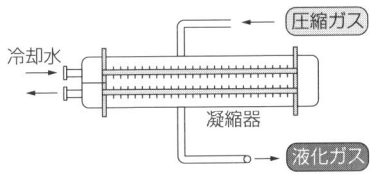

図 1.2　高圧ガスの製造とは

> **チェック** ✓
>
> 高圧ガス保安法の目的に関する次の記述で，正しいものはどれか．
> イ．高圧ガス保安法は，高圧ガスによる災害を防止するため，高圧ガスの製造，貯蔵，販売等を規制するとともに，民間事業者及び高圧ガス保安協会による高圧ガスの保安に関する自主的な活動を促進し，もって公共の安全を確保することを目的としている．
> ロ．高圧ガス保安法は，高圧ガスによる災害を防止して公共の安全を確保する目的のために高圧ガス保安協会による高圧ガスの保安に関する自主的な活動を促進することを定めているが，民間事業者による高圧ガスの保安に間する自主的な活動を促進することは定めていない．
> ハ．高圧ガス保安法は，高圧ガスによる災害を防止して公共の安全を確保する目的のために高圧ガスの製造，貯蔵，販売，移動その他の取扱い及び消費の規制をすることのみを定めている．
> ニ．高圧ガス保安法は，高圧ガスによる災害を防止するため，民間事業者及び高圧ガス保安協会による高圧ガスの保安に関する自主的な活動を促進することも定めている．
> ホ．高圧ガス保安法は，高圧ガスによる災害を防止して公共の安全を確保するという目的のために，民間事業者及び高圧ガス保安協会による高圧ガスの保安に関する自主的な活動を促進することのほか，高圧ガスの製造，貯蔵，販売などについて規制することも定めている．

●解説●

イ…正　記述のとおり．

ロ，ハ…誤

　高圧ガス保安法は，高圧ガスの製造，貯蔵，販売，移動その他の取扱いなどを規制するとともに，民間事業者及び高圧ガス保安協会による高圧ガスに関する自主的な活動を促進することも定められている．

ニ…正　記述のとおり．

ホ…正　記述のとおり．

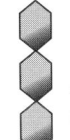

1-2 高圧ガスの定義及び高圧ガスの用語の定義

> **要点整理**

○ 高圧ガスの定義
高圧ガスとは，表 1.1 のいずれかに該当するものをいう．

表 1.1　高圧ガス

状　態		高圧ガスの定義
圧縮ガス	圧縮アセチレンガス以外	・常用の温度において圧力が 1 MPa 以上で，現にその圧力が 1 MPa 以上であるもの ・温度 35 ℃において圧力 1 MPa 以上となるもの
	圧縮アセチレンガス	・常用の温度において圧力が 0.2 MPa 以上で，現にその圧力が 0.2 MPa 以上であるもの ・温度 15 ℃において圧力が 0.2 MPa 以上となる
液化ガス	下記の液化ガス以外	・常用の温度において圧力が 0.2 MPa 以上で，現にその圧力が 0.2 MPa 以上であるもの ・圧力が 0.2 MPa 以上となる場合の温度が 35 ℃以下である
	液化シアン化水素	温度 35 ℃において圧力 0 Pa を超えるもの
	液化ブロムメチル	
	液化酸化エチレン	

○ 高圧ガスの用語の定義
・可燃性ガス：アンモニア，エタン，エチレン，プロパンなどの 9 種類
・毒性ガス：アンモニア，クロルメチルの 2 種類
・不活性ガス：二酸化炭素，フルオロカーボン（R134a，R404A，R407C，R410A など）
・移動式製造設備：製造設備で，地盤面に対して移動することができるもの
・定置式製造設備：製造設備で，移動式製造設備以外のもの
・冷媒設備：冷凍設備のうち，冷媒ガスが通る部分

○冷媒設備：冷凍設備のうち，冷媒ガスが通る部分．
○機器：圧縮器，凝縮器，受液器及びその他の部品よりなり，それらを配管で連絡したもの．
○製造設備：高圧ガスを製造するのに必要な設備．
○製造施設：製造設備及びこれに付随して必要な建築物，換気装置及び毒性ガス吸収装置など

図 1.3　法令上の製造施設等の概念

・高圧ガスの呼称
（例：アンモニア）
　気状のものはアンモニアガス，液状のものは**液化アンモニア**，双方を意味する場合はアンモニアと表現する．

1. 高圧ガスの区分

　高圧ガスの区分として，圧縮ガス（現に気体）と液化ガス（現に液体）がある．この区分は，ガスの種類によるものでなく，その時の状態によって定まる．

- 圧縮ガス…常温では液化しない程度に圧縮されて取り扱うガス
- 液化ガス…常温で気体であるが，圧縮だけで液体になったガスを高圧容器内に貯蔵して取り扱うガス

2. 高圧ガスの定義（法第2条）

　それぞれ次のいずれかに該当するガスを高圧ガスと定義されている．

(1) 圧縮アセチレンガス以外の圧縮ガス

① 常用の温度において圧力（ゲージ圧力をいう）が **1 MPa**（メガパスカル）（$1\,\text{MPa}=10^6\,\text{Pa}$）以上となる圧縮ガスで，現にその圧力が **1 MPa** 以上であるもの

② 温度 **35℃** において圧力が **1 MPa** 以上となる圧縮ガス

(2) 圧縮アセチレンガス

① 常用の温度において圧力が **0.2 MPa** 以上となる圧縮アセチレンガスで，現にその圧力が **0.2 MPa** 以上であるもの

② 温度 **15℃** において圧力が **0.2 MPa** 以上となる圧縮アセチレンガス

(3) 液化ガス

① 常用の温度において圧力が **0.2 MPa** 以上となる液化ガスで，現にその圧力が **0.2 MPa** 以上であるもの

② 圧力が 0.2 MPa となる場合の温度が **35℃ 以下**である液化ガス

③ 温度 **35℃** で圧力が **0 Pa** を超える**液化シアン化水素，液化ブロムメチル及び液化酸化エチレン**の液化ガス

・常用の温度
　設備が実際の運転状態（異常の状態でない）のときの通常なり得る最高温度．

・現（在）の圧力
　ガスが高圧ガスかどうかを判断しようとする時点の圧力．

・ゲージ圧力
　地球上で圧力計の指針がさす圧力（大気圧を標準とした圧力）．高圧ガス保安法関連の圧力は，すべて「ゲージ圧力」として取り扱う．

3. 高圧ガスの用語の定義 (冷凍則第2条)

(1) **可燃性ガス**は，次の9種類である．
- ・アンモニア　・イソブタン　・エタン
- ・エチレン　・クロルメチル　・水素
- ・ノルマルブタン　・プロパン　・プロピレン

・アンモニアは，可燃性ガスであり，毒性ガスである．

(2) **毒性ガス**は，次の2種類である．
- ・アンモニア　・クロルメチル

(3) **不活性ガス**は，ほかの物質と反応を起こさない化学的に安定したガスで，次のものがある．
- ・二酸化炭素
- ・ヘリウム
- ・フルオロカーボン（R12，R13，R13B1，R22，R114，R116，R124，R125，**R134a**，R401A，R401B，R402A，R402B，**R404A**，**R407A**，R407B，R407C，R407D，R407E，**R410A**，R410B，R500，R502，R507A，R509A）

・**不活性でないフルオロカーボン**として，R143a（可燃性／爆発下限界7%），R152a（可燃性／爆発下限界4%）などがある．

(4) **移動式製造設備**は，製造設備で，地盤面に対して移動することができるものである（カークーラー，冷凍冷蔵車など）．

(5) **定置式製造設備**は，製造設備で，移動式製造設備以外のものである（パッケージ型エアコンなど）．

(6) **冷媒設備**は，冷凍サイクルを構成する圧縮機，凝縮器，受液器，膨張弁，蒸発器などの冷凍機器や冷媒配管，弁などを接続したもので冷媒ガスが通過するすべての部分である．

・冷凍設備で冷媒が流れている部分を冷媒設備というが，凝縮器の冷却水や蒸発器の冷水（ブライン）配管は冷媒設備ではない．

コラム

[ゲージ圧力]

高圧ガス保安法関連で，"圧力"とは特に断りのない限りゲージ圧力を用いる．
ゲージ圧力は，地球上（1気圧の状態）で圧力計の指針がさす圧力で，大気圧を標準とした圧力をいう．単位は〔MPa〕が用いられている．
- ・1Pa：1〔m^2〕あたりに1〔N〕の力がかかっている状態．
- ・MPa：**M**は10の6乗の意味，1〔MPa〕= 1 000 000〔Pa〕

- 1N：質量1〔kg〕の物体に1〔m/s^2〕の加速をさせる力の大きさ．
- 1気圧：平均的な地表面での気圧，1気圧≒0.1〔MPa〕

絶対圧力〔MPa・abs〕＝ゲージ圧力〔MPa・g〕＋大気圧(0.1〔MPa〕)

チェック☑

高圧ガスの定義に関する次の記述で，正しいものはどれか．

イ．常用の温度において圧力が1MPa以上となる圧縮ガスであって，現在の圧力が1MPaであるものは，高圧ガスである．

ロ．常用の温度において圧力が1MPa未満となる圧縮ガス（圧縮アセチレンガスを除く）であって，温度35℃においてその圧力が1MPa未満であるものは，高圧ガスでない．

ハ．常用の温度において圧力が0.2MPa以上となる液化ガスであって，現在の圧力が0.2MPaであるものは，高圧ガスである．

ニ．温度35℃以下で圧力が0.2MPaとなる液化ガスは，高圧ガスである．

ホ．現在の圧力が0.9MPaの圧縮ガス（圧縮アセチレンガスを除く）であって，温度35℃において圧力が1MPaとなるものは高圧ガスではない．

ヘ．液化ガスであって，その圧力が0.2MPaとなる場合の温度が30℃であるものは，現在の圧力が0.15MPaであっても高圧ガスである．

ト．液化ガスであって，その圧力が0.2MPaとなる場合の温度が30℃であるものは，常用の温度において圧力が0.2MPa未満であっても高圧ガスである．

●解説●

イ…正　記述のとおり．

ロ…正　記述のとおり．

ハ…正　記述のとおり．

ニ…正　記述のとおり．

ホ…誤

現在の圧力が0.9MPaであっても，温度35℃において圧力が1MPa以上となる圧縮ガス（圧縮アセチレンガスを除く）は，高圧ガスである．

ヘ…正

現在の圧力が0.15MPaであっても，圧力が0.2MPaとなる温度が35℃以下であるので高圧ガスである（温度が高くなれば，圧力も高くなる）．

ト…正　記述のとおり．

実践問題（1）

問　次のイ，ロ，ハの記述のうち，正しいものはどれか．
　最も適切な答えを (1), (2), (3), (4), (5) の選択肢の中から 1 個選びなさい．

イ．高圧ガス保安法は，高圧ガスによる災害を防止して公共の安全を確保する目的のために高圧ガス保安協会による高圧ガスの保安に関する自主的な活動を促進することを定めているが，民間事業者による高圧ガスの保安に関する自主的な活動を促進することは定めていない．

ロ．現在の圧力が 0.9 MPa の圧縮ガス（圧縮アセチレンガスを除く）であって，温度 35℃において圧力が 1 MPa となるものは高圧ガスではない．

ハ．圧力が 0.2 MPa となる温度が 32℃である液化ガスは，現在の圧力が 0.1 MPa であっても高圧ガスである．

　(1) イ　　(2) ハ　　(3) イ，ロ　　(4) ロ，ハ　　(5) イ，ロ，ハ

〈解説〉

イ…誤
　高圧ガス保安法は，高圧ガスによる災害を防止して公共の安全を確保する目的のために，高圧ガスの製造，貯蔵，販売，移動などを規制するとともに民間事業者及び高圧ガス保安協会による高圧ガスの保安に関する自主的な活動を促進することも定めている．

ロ…誤
　現在の圧力が 0.9 MPa であっても，温度 35℃において圧力が 1 MPa 以上となる圧縮ガス（圧縮アセチレンガスを除く）は，高圧ガスである．

ハ…正
　現在の圧力が 0.1 MPa であっても，圧力が 0.2 MPa となる温度が 35℃以下である液化ガスは，高圧ガスである（温度が高くなれば，圧力も高くなる）．

正解　(2) ハ

1-3 高圧ガス保安法の適用除外

> **要点整理**
>
> ○ 法の適用除外と定められている冷凍設備の高圧ガス
>   ・冷凍能力が3トン未満の高圧ガス
>   ・冷凍能力が3トン以上5トン未満の不活性のフルオロカーボンの高圧ガス
>
> | | | 法定冷凍トン　　3　　　5　　〔トン〕 |
> |---|---|---|
> | フルオロカーボン | 不活性ガス | 適用除外 |
> | | 不活性以外のガス | 適用除外 |
> | アンモニア | | 適用除外 |
> | その他のガス | | 適用除外 |
>
> ※その他のガスとは，ヘリウム，プロパン，二酸化炭素等である．
>
> 図 1.4　冷媒ガス種別ごとの法適用除外

 **1. 適用除外**（法第3条）

高圧ガス保安法では，以下に掲げる高圧ガスは適用除外になる．

(1) ほかの法律により同等以上の規制を受けているもの
  ① 高圧ボイラー内の高圧蒸気（ボイラー及び圧力容器安全規則）
  ② 鉄道車両のエアコン内の高圧ガス（鉄道法）
  ③ 船舶内の高圧ガス（船舶安全法，自衛隊法）
  ④ 炭鉱等の坑内の高圧ガス（鉱山保安法）
  ⑤ 航空機内の高圧ガス（航空法）
  ⑥ 電気工作物内の高圧ガス（電気事業法）
  ⑦ 原子炉内の高圧ガス（核原料物質，核燃料物質及び原子炉の規制に関する法律）

(2) 取扱量が少量であるなど災害の発生のおそれがない高圧ガスで，政令（施行令第2条）で定めるもの

・ほかの法令の適用を受けるもの及び災害の発生のおそれの少ないものは高圧ガス保安法の適用を除外している．

・第一種ガス
　空気，ヘリウム，ネオン，アルゴン，クリプトン，キセノン，ラドン，窒素，二酸化炭素，フルオロカーボン（可燃性のものを除く）．

2. 災害の発生のおそれがない高圧ガス（施行令第2条）

① 圧縮装置内の圧縮空気（35℃で5MPa以下）
② 圧縮装置内の圧縮ガス（空気を除く第一種ガスで35℃で5MPa以下）
③ **法定冷凍能力が3トン未満の冷凍設備内の高圧ガス**
④ **法定冷凍能力が3トン以上5トン未満の冷凍設備内の高圧ガスである不活性のフルオロカーボン**
⑤ 製造設備外の液化ブロムメチル
⑥ オートクレーブ内の水素，アセチレン及び塩化ビニルを除く高圧ガス
⑦ フルオロカーボン回収装置内のフルオロカーボン（35℃で5MPa以下）
⑧ 液化ガスと液化ガス以外の液体との混合液（15％以下が液化ガス，35℃で0.6MPa以下）
⑨ 内容積1ℓ以下の容器内における液化ガス（35℃で0.8MPa以下）

・内容積1ℓ以下の容器
　簡易コンロのカートリッジボンベ，殺虫剤のエアゾール缶などの小さな容器のサービス缶．

コラム

「冷凍能力」

冷凍機の能力を表す場合に，冷凍トンという単位を用いる．冷凍トンには，次のものがある．

・日本冷凍トン（JRT），アメリカ冷凍トン（USRT）…冷暖房や冷却能力を表すのに用いる．
　1冷凍トンとは1日に1トンの0℃の水を氷にするために除去すべき熱量のことである．
　日本冷凍トン：1JRT＝3.86kW
　アメリカ冷凍トン：1USRT＝3.52kW

・法定冷凍トン…製造許可や製造届出を行う際の基準となる1日の冷凍能力を表すのに用いる（2.2　冷凍能力の算出基準を参照）．
　〈往復動式，回転式及びスクリュー式の場合〉
　　1日の冷凍能力　$R = \dfrac{V}{C}$〔トン〕
　　　C：冷媒ガスの種類に応じた数値
　　　V：圧縮機の標準回転速度における1時間のピストン押しのけ量〔m^3〕

> **チェック** ☑
> 高圧ガス法の適用除外に関する次の記述で，正しいものはどれか．
> イ．1日の冷凍能力が3トン以上5トン未満の冷凍設備内における高圧ガスであっても，そのガスの種類によっては，高圧ガス保安法の適用を受けないものがある．
> ロ．1日の冷凍能力が4トンの冷凍設備内における高圧ガスである不活性のフルオロカーボンは，高圧ガス保安法の適用を受けない．
> ハ．1日の冷凍能力が5トンの冷凍設備内における高圧ガスであるフルオロカーボン（不活性のものに限る）は，高圧ガス保安法の適用を受けない．
> ニ．1日の冷凍能力が3トン未満の冷凍設備内における高圧ガスは，そのガスの種類にかかわらず高圧ガス保安法の適用を受けない．
> ホ．冷凍のため，アンモニアを冷媒ガスとする1日の冷凍能力が3トン以上5トン未満の製造設備を使用して高圧ガスの製造をするものは，その旨を都道府県知事に届け出る必要はないが，技術上の基準に従って高圧ガスの製造をしなければならない．

●解説●

イ…正

冷凍設備内における高圧ガスで不活性のフルオロカーボンは，その1日の冷凍能力が3トン以上5トン未満のものについては，高圧ガス保安法の適用を受けない．

ロ…正　記述のとおり．

ハ…誤

5トン（以上）は，高圧ガス保安法の適用を受ける．

ニ…正　記述のとおり．

ホ…正

アンモニアを冷媒ガスとする1日の冷凍能力が3トン以上5トン未満の製造設備を使用して高圧ガスの製造をするものは，高圧ガス法の適用を受けるので技術上の基準に従って高圧ガスの製造をしなければならない．ただし，冷凍能力が5トン未満であるから，その旨を都道府県知事への手続きは不要である（「2.1　高圧ガス製造の許可と届出」を参照）．

実践問題（2）

問 次のイ，ロ，ハの記述のうち，正しいものはどれか．
最も適切な答えを (1)，(2)，(3)，(4)，(5) の選択肢の中から1個選びなさい．

イ．常用の温度において圧力が 0.15 MPa の液化ガスであっても，圧力が 0.2 MPa となる場合の温度が 25℃である液化ガスは，高圧ガスである．

ロ．常用の温度 35℃において圧力が 1 MPa となる圧縮ガス（圧縮アセチレンガスを除く）であって，現在の圧力が 0.9 MPa のものは高圧ガスではない．

ハ．1日の冷凍能力が 3 トン以上 5 トン未満の冷凍設備内における高圧ガスであっても，そのガスの種類によっては，高圧ガス保安法の適用を受けないものがある．

(1) イ　(2) ロ　(3) イ，ハ　(4) ロ，ハ　(5) イ，ロ，ハ

〈解説〉
イ…正
　常用の温度において圧力が 0.15 MPa であっても，圧力が 0.2 MPa となる場合の温度が 35℃以下である液化ガスは，高圧ガスである．
ロ…誤
　現在の圧力が 0.9 MPa であっても，温度 35℃において圧力が 1 MPa 以上となる圧縮ガス（圧縮アセチレンガスを除く）は，高圧ガスである．
ハ…正
　1日の冷凍能力が 3 トン以上 5 トン未満の冷凍設備内における高圧ガスの場合，不活性以外のフルオロカーボン及びアンモニアは，高圧ガス保安法の適用を受けるが，不活性のフルオロカーボンに限り高圧ガス保安法の適用を受けないと定められている．

正解　(3) イ，ハ

実践問題（3）

問 次のイ，ロ，ハの記述のうち，正しいものはどれか．
最も適切な答えを（1），（2），（3），（4），（5）の選択肢の中から1個選びなさい．

イ．高圧ガス保安法は，高圧ガスによる災害を防止して公共の安全を確保する目的のために高圧ガスの製造，貯蔵，販売，移動その他の取扱い及び消費の規制をすることのみを定めている．

ロ．液化ガスであって，その圧力が 0.2 MPa となる場合の温度が 30℃であるものは，現在の圧力が 0.15 MPa であっても高圧ガスである．

ハ．1日の冷凍能力が4トンの冷凍設備内における高圧ガスである不活性のフルオロカーボンは，高圧ガス保安法の適用を受けない．

（1）イ　（2）ハ　（3）イ，ロ　（4）ロ，ハ　（5）イ，ロ，ハ

〈解説〉
イ…誤
　高圧ガス保安法は，高圧ガスによる災害を防止して公共の安全を確保する目的のために，次のことを定めている．
・高圧ガスの製造，貯蔵，販売，移動等を規制する．
・民間事業者及び高圧ガス保安協会による高圧ガスの保安に関する自主的な活動を促進する．

ロ…正
　現在の圧力が 0.15 MPa であっても，圧力が 0.2 MPa となる場合の温度が 35℃以下である液化ガスは，高圧ガスである．

ハ…正
　冷凍設備内における高圧ガスで不活性のフルオロカーボンは，その1日の冷凍能力が3トン以上5トン未満のものについては，高圧ガス保安法の適用を受けない．

正解　(4) ロ，ハ

2章

事　業

2-1 高圧ガス製造の許可と届出

要点整理

○ 第一種製造者…事業所ごとに，都道府県知事の許可
　・1日の冷凍能力が50トン以上の高圧ガスの製造をしようとする者（冷媒ガスがフルオロカーボン及びアンモニア）
○ 第二種製造者…事業所ごとに，事業開始の日の20日前までに，都道府県知事に届出
　・不活性のフルオロカーボンでは，1日の冷凍能力が20トン以上50トン未満の高圧ガスを製造する者
　・アンモニア及び**不活性以外**のフルオロカーボンでは，1日の冷凍能力が**5トン以上50トン未満**の高圧ガスを製造する者

表2.1　高圧製造の手続き（冷凍関連）

区分	手続き	不活性なフルオロカーボン (R22, R134a, R407C, R410A)	不活性以外のフルオロカーボン又はアンモニア	その他のガス
		1日の冷凍能力		
適用除外	不要	5〔トン〕未満	3〔トン〕未満	3〔トン〕未満
その他の製造者	不要	5〔トン〕以上20〔トン〕未満	3〔トン〕以上5〔トン〕未満	―
第二種製造者	届出	20〔トン〕以上50〔トン〕未満	5〔トン〕以上50〔トン〕未満	3〔トン〕以上20〔トン〕未満
第一種製造者	許可	50〔トン〕以上	50〔トン〕以上	20〔トン〕以上

・事業所とは，一つの冷凍設備が設置されている場所をいい，独立した2台の冷凍設備がある場合は，それぞれ事務所となり，別々の許可申請あるいは届出をする必要がある．

 1. 製造の許可等（法第5条）

(1) 第一種製造者

　第一種製造者は，**事業所ごとに，都道府県知事の許可**を受けなければならない．

　第一種製造者とは，次の事項に該当する者である．

　① 一般高圧ガスの製造の場合…1日の処理容積（温度0℃，圧力0Paの状態に換算した容積）が，100m³（不活性ガス又は空気300m³）以上の設備で高圧ガスの製造をするもの．

② **冷凍の場合**…冷凍のためガスを圧縮し，又は液化して高圧ガスの製造をする設備（**一つの設備であって，認定指定設備でないもの**）で**1日の冷凍能力が20トン**（冷媒ガスが**フルオロカーボン及びアンモニアにあっては50トン**）**以上**の高圧ガスの製造をしようとする者．

(2) 第二種製造者

第二種製造者は，**事業所ごとに，事業開始（製造開始）の日の20日前**までに，製造する高圧ガスの種類，製造のための施設の位置，構造及び設備並びに製造の方法を記載した書面を添えて，その旨を都道府県知事に届け出なければならない．

第二種製造者とは，次の事項に該当する者である．

① 一般高圧ガスの製造の場合…1日の処理容積が，100 m^3（不活性ガス又は空気は300 m^3）未満の設備で高圧ガスの製造をする者

② **冷凍の場合**…1日の冷凍能力が，3トン（**不活性のフルオロカーボンでは20トン以上50トン未満，アンモニア**及び**不活性以外のフルオロカーボンでは5トン以上50トン未満**）以上の高圧ガスを製造する者

・単体の認定指定設備は届出の対象となり，許可を受けることを要しない．

認定指定設備の条件

・ユニット型
・定置製造設備
・不活性のフルオロカーボンの冷媒ガス
・冷媒ガスの充てん量3 000 kg未満
・1日の冷凍能力が50トン以上

法定冷凍トン		0〜3	3〜5	5〜20	20〜50	50〜〔トン〕
フルオロカーボン	不活性ガス	適用除外	適用除外	その他の製造者	第二種製造者	第一種製造者
フルオロカーボン	不活性以外のガス	適用除外	その他の製造者	第二種製造者	第二種製造者	第一種製造者
アンモニア		適用除外	その他の製造者	第二種製造者	第二種製造者	第一種製造者
その他のガス		適用除外	第二種製造者	第二種製造者	第一種製造者	第一種製造者

※その他のガスとは，ヘリウム，プロパン，二酸化炭素等である．

図2.1 高圧ガス製造業者の区分

2. 製造等の廃止等の届出（法第21条）

① **第一種製造者**は，高圧ガスの製造を開始し，又は廃止したときは，**遅滞なく**，その旨を**都道府県知事に届け出**なければならない．

② **第二種製造者**であって，高圧ガスの製造を廃止したときは，**遅滞なく**，その旨を**都道府県知事に届け出**なければならない．

チェック1 ☑

製造の許可等について，正しいものはどれか．
イ．1日の冷凍能力が50トンである冷凍のための設備（一つの設備であって，認定指定設備でないもの）を使用して高圧ガスの製造をしようとする者は，その製造をする高圧ガスの種類にかかわらず，事業所ごとに都道府県知事の許可を受けなければならない．
ロ．冷凍のため高圧ガスの製造をする第二種製造者は，事業所ごとに高圧ガスの製造開始の日の20日前までにその旨を都道府県知事に届け出なければならない．
ハ．1日の冷凍能力が30トンの製造設備を使用して高圧ガスの製造を使用とする者であっても，その冷媒ガスの種類によっては都道府県知事の許可を受けなくてもよいものがある．
ニ．冷凍のための設備を使用して高圧ガスの製造をしようとする者が，都道府県知事の許可を受けなければならない場合の1日の冷凍能力の最小の値は，冷媒ガスである高圧ガスの種類に関係なく同じである．
ホ．1日の冷凍能力が50トン以上である認定指定設備のみを使用して高圧ガスの製造をしようとする者は，都道府県知事の許可を受けることを要しない．

●解説●

イ…正　記述のとおり．

ロ…正　記述のとおり．

ハ…正

　フルオロカーボン及びアンモニアを冷媒とする30トンの製造設備を使用して高圧ガスの製造する者は，都道府県知事への届出になる．

ニ…誤

　1日の冷凍能力がフルオロカーボン及びアンモニアを冷媒ガスとする設備にあっては50トン以上，その他の冷媒ガスとする設備にあっては20トン以上，と異なり，それぞれ都道府県知事の許可を受けなければならない．

ホ…正

　認定指定設備は，単体で設置する場合は，冷凍能力に関係なく（50トン未満の認定指定設備はない）第二種製造設備として扱われ，届出の対象となる．

チェック2 ☑

製造の許可等について，正しいものはどれか．

イ．不活性ガスであるフルオロカーボンを冷媒ガスとする1日の冷凍能力が70トンの冷凍設備（一の製造設備であって，認定指定設備であるものを除く）を使用して冷凍のための高圧ガスの製造をしようとする者は，都道府県知事の許可を受けなければならない．

ロ．アンモニアを冷媒とする1日の冷凍能力が40トンの冷凍設備（一の製造設備であるもの）を使用して冷凍のための高圧ガスを製造しようとする者は，その旨を都道府県知事に届け出なくてよい．

ハ．冷凍設備（認定指定設備を除く）を使用して高圧ガスの製造をしようとする者が，その旨を都道府県知事に届け出なければならない場合の1日の冷凍能力の最小の値は，その冷媒ガスの種類がフルオロカーボン（不活性のもの）とアンモニアとでは異なる．

ニ．冷凍のため高圧ガスを製造する第一種製造者が，その事業所外に，独立した1日の冷凍能力が50トンである冷凍設備（認定指定設備でないもの）を設置して高圧ガスの製造をしようとする場合，新たに都道府県知事の許可を受けなければならない．

●解説●

イ…正　記述のとおり．

ロ…誤

　アンモニア及び不活性以外のフルオロカーボンでは5トン以上50トン未満は，「届出」で50トン以上は「許可」になる．

ハ…正

　都道府県知事に届け出なければならない1日の冷凍能力の最小の値は，不活性のフルオロカーボンを冷媒ガスとする設備にあっては20トン以上，アンモニア及び不活性以外のフルオロカーボンを冷媒ガスとする設備にあっては5トン以上，と異なる．

ニ…正

　第一種製造者は，事業所ごとに，都道府県知事の許可を受けなければならない．

実践問題（4）

問　次のイ，ロ，ハの記述のうち，正しいものはどれか．
　最も適切な答えを（1），（2），（3），（4），（5）の選択肢の中から1個選びなさい．

イ．冷凍設備（認定指定設備を除く）を使用して高圧ガスの製造をしようとする者が，都道府県知事の許可を受けなければならない場合の1日の冷凍能力の最小の値は，その冷媒ガスの種類がフルオロカーボンとアンモニアとでは異なる．

ロ．1日の冷凍能力が30トンの製造設備を使用して高圧ガスの製造をしようとする者であっても，その冷媒ガスの種類によっては都道府県知事の許可を受けなければならない場合がある．

ハ．冷凍のための設備を使用して高圧ガスの製造をしようとする者は，その設備の1日の冷凍能力が15トンである場合，その製造をする高圧ガスの種類にかかわらず，製造開始の日の20日前までに，高圧ガスの製造をする旨を都道府県知事に届け出なければならない．

（1）イ　（2）ロ　（3）イ，ハ　（4）ロ，ハ　（5）イ，ロ，ハ

〈解説〉
イ…誤
　冷凍設備（認定指定設備を除く）を使用して高圧ガスの製造をしようとする者が，都道府県知事の許可を受けなければならない場合の1日の冷凍能力の最小の値は，1日の冷凍能力はフルオロカーボン及びアンモニアを冷媒ガスとする設備にあっては50トンと同一である．

ロ…正
　1日の冷凍能力が30トンの製造設備を使用して高圧ガスの製造をしようとする者であっても，フルオロカーボン及びアンモニア以外を冷媒ガスとする設備にあっては都道府県知事の許可を受けなければならないと定められている．

ハ…誤
　冷凍設備の1日の冷凍能力が15トンである場合，不活性のフルオロカーボンの冷媒ガスを使用して高圧ガスの製造をしようとする者は，都道府県知事に届け出る必要がない．

正解　（2）ロ

2-2 冷凍能力の算出基準

要点整理

冷凍能力（1日の冷凍トン）の算出基準は，次に掲げる基準によって算定する．

○ 遠心式冷凍設備

$$1日の冷凍能力（トン）＝\frac{原動機定格出力〔kW〕}{1.2〔kW〕}$$

○ 吸収式冷凍設備

$$1日の冷凍能力（トン）＝\frac{発生器加熱用熱入力〔kJ〕}{27\,800〔kJ〕}$$

○ 自然環流式冷凍設備及び自然循環式冷凍設備

1日の冷凍能力 $R＝QA$

Q：冷媒ガスの種類に応じた数値
A：蒸発部又は蒸発器の冷媒ガスの接する表面積〔m^2〕

○ 多段圧縮方式又は多元冷凍方式による製造設備，回転ピストン型圧縮機を使用する製造設備

1日の冷凍能力 $R＝\dfrac{V}{C}$〔トン〕

C：冷媒ガスの種類に応じた数値
V：圧縮機の標準回転速度における1時間のピストン押しのけ量〔m^3/h〕

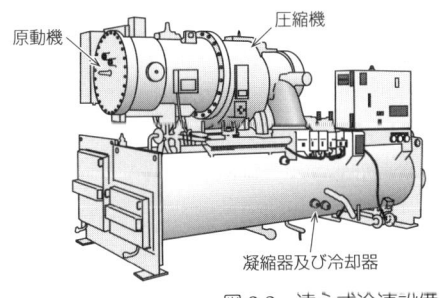

図 2.2 遠心式冷凍設備

1日の冷凍トン
＝
圧縮機の原動力の定格出力 1.2〔kW〕

製造許可や製造届を行う際の基準となる法定冷凍能力（トン）は，標準的条件による算定式が冷凍設備ごとに，次のように規定されている．（冷凍則第5条）

(1) **遠心式圧縮機**を使用する製造設備

　圧縮機の原動機の定格出力 **1.2〔kW〕**を1日の冷凍トンとする．

(2) **吸収式冷凍設備**

　発生器を加熱する**1時間の入熱量 27 800〔kJ〕**を1日の冷凍能力1トンとする．

(3) **自然環流式冷凍設備及び自然循環式冷凍設備**

　次の算式によるものを1日の冷凍能力とする．

　　1日の冷凍能力　$R = QA$〔トン〕

　　　Q：冷媒ガスの種類に応じた数値
　　　A：蒸発部又は蒸発器の冷媒ガスの接する表面積〔m²〕

(4) **多段圧縮方式又は多元冷凍方式による製造設備，回転ピストン型圧縮機を用する製造設備**など

　次の算式によるものを1日の冷凍能力とする．

　　1日の冷凍能力　$R = \dfrac{V}{C}$〔トン〕

　　　C：冷媒ガスの種類に応じた数値
　　　V：圧縮機の標準回転速度における**1時間のピストン押しのけ量**〔m³/h〕

　なお，回転ピストン型圧縮機のピストン押しのけ量の算出として，気筒の内径やピストンの外形の数値も関係する．

・法定冷凍能力は，冷暖房や冷却能力を表す冷凍能力とは異なり，法令などの基準となる冷凍能力である．

― **コラム** ―

［回転ピストン型圧縮機のピストン押しのけ量の算出］
　次の算式により得られた数値になる．
　　$V = 60 \times 0.785 tn(D^2 - d^2)$〔m³/h〕
　　t：回転ピストンのガス圧縮部分の厚さ〔m〕の数値
　　n：回転ピストンの1分間の標準回転数の数値
　　D：気筒の内径〔m〕の数値
　　d：ピストンの外径〔m〕の数値

> **チェック☑**
>
> 冷凍能力の算定基準について冷凍保安規則上正しいものはどれか.
> イ．蒸発器の冷媒ガスに接する側の表面積の数値は，回転ピストン型圧縮機を使用する冷凍設備の1日の冷凍能力の算定に必要な数値の一つである．
> ロ．発生器を加熱する1時間の入熱量の数値は，吸収式冷凍設備の1日の冷凍能力の算定に必要な数値の一つである．
> ハ．圧縮機の原動機の定格出力の数値は，遠心式圧縮機を使用する冷凍設備の1日の冷凍能力の算定に必要な数値の一つである．
> ニ．回転ピストン型圧縮機を使用する冷凍設備の1日の冷凍能力の算定に必要な数値の一つに冷媒ガスの種類に応じて定められた数値がある．
> ホ．遠心式圧縮機を使用する冷凍設備の1日の冷凍能力の算定に必要な数値の一つにその圧縮機の原動機の定格出力の数値がある．
> ヘ．蒸発部又は蒸発器の冷媒ガスに接する側の表面積の数値は，吸収式冷凍設備の1日の冷凍能力の算定に必要な数値の一つである．
> ト．圧縮機の気筒の内径の数値は，回転ピストン型圧縮機を使用する冷凍設備の1日の冷凍能力の算定に必要な数値の一つである．

●解説●

イ…誤

蒸発器の冷媒ガスに接する側の表面積の数値は，自然環流式冷凍設備及び自然循環式冷凍設備の1日の冷凍能力の算定に必要な数値の一つであるが，回転ピストン型圧縮機を使用する冷凍設備の冷凍能力の算定に必要な数値としては定められていない．

ロ…正　記述のとおり．

ハ…正　記述のとおり．

ニ…正　記述のとおり．

ホ…正　記述のとおり．

ヘ…誤

蒸発部又は蒸発器の冷媒ガスに接する側の表面積の数値は，自然環流式冷凍設備及び自然循環式冷凍設備の1日の冷凍能力の算定に必要な数値の一つであるが，吸収式冷凍設備の冷凍能力の算定に必要な数値としては定められていない．

ト…正　記述のとおり．

実践問題（5）

問　次のイ，ロ，ハの記述のうち，冷凍能力の算定基準について冷凍保安規則上正しいものはどれか．
　最も適切な答えを (1)，(2)，(3)，(4)，(5) の選択肢の中から 1 個選びなさい．

イ．蒸発部又は蒸発器の冷媒ガスに接する側の表面積の数値は，吸収式冷凍設備の 1 日の冷凍能力の算定に必要な数値の一つである．
ロ．圧縮機の気筒の内径の数値は，回転ピストン型圧縮機を使用する冷凍設備の 1 日の冷凍能力の算定に必要な数値の一つである．
ハ．圧縮機の原動機の定格出力の数値は，遠心式圧縮機を使用する冷凍設備の 1 日の冷凍能力の算定に必要な数値の一つである．

(1) イ　(2) ハ　(3) イ，ロ　(4) ロ，ハ　(5) イ，ロ，ハ

〈解説〉
イ…誤
　蒸発部又は蒸発器の冷媒ガスに接する側の表面積の数値は，自然環流式冷凍設備及び自然循環式冷凍設備を使用する冷凍設備の 1 日の冷凍能力の算定に必要な数値の一つであるが，吸収式冷凍設備の冷凍能力の算定に必要な数値としては定められていない．なお，吸収式冷凍設備の 1 日の冷凍能力の算定に必要な数値の一つとして，発生器を加熱する 1 時間の入熱量 27 800〔kJ〕がある．
ロ…正
　回転ピストン型圧縮機を使用する冷凍設備の 1 日の冷凍能力の算定に必要な数値の一つとして，圧縮機の気筒の内径の数値がある．

$$1 日の冷凍能力 \quad R = \frac{V}{C} 〔トン〕$$

　　C：冷媒ガスの種類に応じた数値
　　V：圧縮機の標準回転速度における 1 時間のピストン押しのけ量〔m^3〕
　　　（ピストン押しのけ量の算出として，気筒の内径やピストンの外形の数値も関係する）
ハ…正
　遠心式圧縮機を使用する冷凍設備の 1 日の冷凍能力の算定に必要な数値の一つとして，圧縮機の原動機の定格出力の数値がある．

正解　(4) ロ，ハ

2-3 第一種製造者の法的規制Ⅰ（許可及び施設の変更）

要点整理

○ 許可の申請
　事業所ごとに，**都道府県知事の許可**
○ 承継
　相続，合併又は分割があった場合に第一種製造者の地位を承継したもの…**遅滞なく，所定の書面**を添えて，**都道府県知事に届出**
○ 製造施設及び製造の方法
　・製造施設の位置，構造及び設備…所定の製造設備の技術上の基準
　・高圧ガスの製造…所定の製造方法に係る技術上の基準
○ 製造施設等の変更
　第一種製造者は，次の製造施設等の変更…**都道府県知事の許可**．
　・製造施設の位置，構造，設備の変更（**軽微な変更の工事**を除く）
　・製造をする高圧ガスの種類の変更
　・製造の方法の変更
○ 軽微な変更の工事等
　次の**軽微な変更の工事**をしたときは，その完成後遅滞なく，**都道府県知事に届け出**なければならない（事後届出）．
　① 独立した製造設備の撤去の工事．
　② 製造設備の取替え工事で，**冷凍能力の変更を伴わないもの**．ただし，次のものを除く．
　　・**耐震設計構造物**として適用を受ける製造設備
　　・**可燃性ガス及び毒性ガス**を冷媒とする冷媒設備の取替え
　　・**冷媒設備に係る切断，溶接を伴う工事**
　③ 製造設備以外の製造施設に係る設備の取替えの工事
　④ **認定設備の設置の工事**
　⑤ 指定設備認定証が無効とならない認定指定設備に係る変更の工事

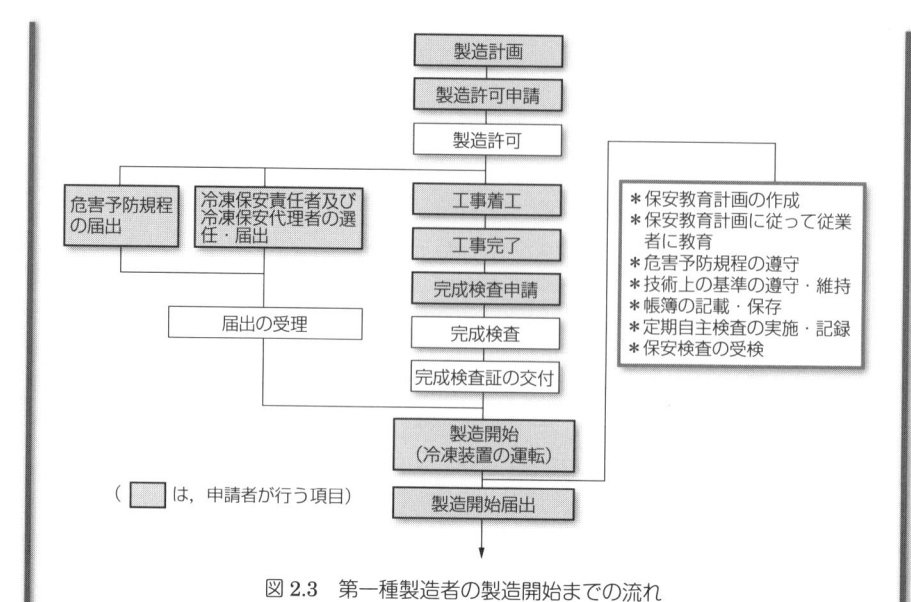

図2.3 第一種製造者の製造開始までの流れ

〈第一種製造者の法的規制〉
① 事業所ごとに都道府県知事の許可（法第5条）
② 許可の取り消し（法第9条）
③ 承継（法第10条）
④ 省令で定める技術上の基準への適合（法第11条）
⑤ 製造のための施設等の変更（法第14条）
⑥ 完成検査の受検（法第20条）
⑦ 製造の開始届出と廃止の届出（法21条）
⑧ 危害予防規程の制定・遵守と都道府県知事への届出（法第26条）
⑨ 保安教育計画の設定と実施（法第27条）
⑩ 事業所ごとに冷凍保安責任者の選任（法第27条の4）
⑪ 定期に都道府県知事が行う保安検査の受検（法第35条）
⑫ 定期自主検査の実施と検査記録の作成及び保存（法第35条の2）
⑬ 危険時の措置及び届出（法第36条）
⑭ 火気等の制限（法第37条）
⑮ 帳簿（法第60条）
⑯ 火災，盗難の届出（法第63条）

1. 許可の申請（冷凍則第3条）

　第一種製造者は，事業所ごとに，都道府県知事の許可を受けなければならない。

2. 許可の取消し（法第9条）

　都道府県知事は，第一種製造者が正当な事由がないのに，一年以内に製造を開始せず，又は**一年以上引き続き製造を休止した**ときは，その許可を取り消すことができる。

3. 承継（法第10条）

(1) 第一種製造者について**相続，合併又は分割**（第一種製造者のその許可に係る事業所を承継させるものに限る）があった場合のみ，相続人，合併後存続する法人若しくは合併により設立した法人又は分割によりその事業所を承継した法人は，第一種製造者の地位を承継する。

(2) 第一種製造者の地位を承継した者は，遅滞なく，その事実を証する**書面を添えて**，その旨を都道府県知事に届け出なければならない。

4. 製造施設及び製造の方法（法第11条）

(1) 第一種製造者は，製造施設を，その位置，構造及び設備が，省令（冷凍則第7条）で定める製造設備の技術上の基準に適合するように維持しなければならない。

(2) 第一種製造者は，省令（冷凍則第9条）で定める製造方法に係る技術上の基準に従って高圧ガスの製造をしなければならない。

(3) 都道府県知事は，第　種製造者の製造施設又は製造の方法が所定の技術上の基準に適合していないと認めるときは，その技術上の基準に適合するように製造のための施設を修理し，改造し，若しくは移転し，又はその技術上の基準に従って高圧ガスの製造をすべきことを命ずるこ

・冷凍能力50トン／日以上(ヘリウム，二酸化炭素，プロパン等にあっては20トン／日) 以上の冷凍設備を使用して高圧ガスを製造をしようとする者は都道府県知事の許可を受けなければならない。

・第一種製造者から製造のための施設の全部又は一部の引渡し（譲渡等）を受けた者は，新たに都道府県知事の許可を受けなければならない。

[2-3 第一種製造者の法的規制Ⅰ（許可及び施設の変更)] 37

とができる．

5. 製造施設等の変更（法第14条）

（1）第一種製造者は，製造施設の位置，構造，設備の変更の工事をし，又は製造をする高圧ガスの種類若しくは製造の方法を変更しようとするときは，**都道府県知事の許可**を受けなければならない．ただし，製造施設の位置，構造又は設備について**軽微な変更の工事**をする場合を除く．

（2）第一種製造者は**軽微な変更の工事**をしたときは，その完成後遅滞なく，その旨を**都道府県知事に届け出**なければならない（事後届出）．

（3）第一種製造者が製造施設の位置，構造若しくは設備の変更の工事をし，又は製造をする高圧ガスの種類若しくは製造の方法を変更しようとするとき適用される技術上の基準には，製造施設の設置の許可に準用する．

6. 軽微な変更の工事等（冷凍則第17条）

省令で定める軽微な変更の工事は，次に示すものである．

① 独立した製造設備の撤去の工事．
② 製造設備の取替え工事で，**冷凍能力の変更を伴わないもの**．ただし，次のものを除く．
　・**耐震設計構造物として適用を受ける製造設備**
　・**可燃性ガス及び毒性ガスを冷媒とする冷媒設備の取替え**
　・**冷媒設備に係る切断，溶接を伴う工事**
③ 製造設備以外の製造施設に係る設備の取替えの工事
④ **認定設備の設置の工事**
⑤ 指定設備認定証が無効とならない認定指定設備に係る変更の工事

・設備のための施設等の変更しようと都道府県知事の許可を受けたものは，完成検査を受検しなければならない．

・アンモニアを冷媒ガスとする製造設備の圧縮機の取替えの工事やその設備の冷凍能力が増加する製造設備の取替えの工事は，いずれも軽微な変更の工事による届出に該当しない．

チェック1 ☑

第一種製造事業者の法的規制について，正しいものはどれか．

イ．第一種製造者の合併などによりその地位を承継した者は，遅滞なく，その事実を証する書面を添えて，その旨を都道府県知事に届け出なければならない．

ロ．第一種製造者の製造施設の位置，構造又は設備の変更の工事のうちには，その工事の完成後遅滞なく，その旨を都道府県知事に届け出ればよい軽微な変更の工事がある．

ハ．第一種製造者は，製造設備について定められた軽微な変更の工事をしたときは，その完成後遅滞なく，その旨を都道府県知事に届け出なければならない．

ニ．不活性ガスを冷媒ガスとする製造設備の圧縮機の取替えの工事を行う場合，溶接，切断を伴わない工事であって，冷凍能力の変更を伴わないものであれば，その完成後遅滞なく，都道府県知事にその旨を届け出ればよい．

ホ．第一種製造者は，製造設備の冷媒ガスの種類を変更しようとするときは，都道府県知事の許可を受けなりればならない．

ヘ．第一種製造者は，製造施設の位置，構造又は設備の変更の工事（定められた軽微な変更の工事を除く）をしようとするときは，都道府県知事の許可を受けなければならないが，製造をする高圧ガスの種類又は製造の方法の変更については，その変更後遅滞なく，都道府県知事に届け出ればよい．

ト．製造施設にブラインを共通とする認定指定設備を増設したときは，軽微な変更の工事として，その完成後遅滞なく，都道府県知事に届け出ればよい．

●解説●

イ…正　記述のとおり．

ロ…正　記述のとおり．

ハ…正　記述のとおり．

ニ…正　記述のとおり．

ホ…正　記述のとおり．

ヘ…誤

　製造する高圧ガスの種類や製造の方法を変更しようとするときは，定められた軽微な変更工事に該当しないので，都道府県知事の許可を受けなければならない．

ト…正　記述のとおり．

チェック2 ✓

第一種製造事業者の法的規制について，正しいものはどれか．

イ．第一種製造者がその高圧ガスの製造事業の全部を譲り渡したときは，その事業の全部を譲り受けた者はその第一種製造者の地位を承継する．

ロ．第一種製造者が製造施設の位置，構造若しくは設備の変更の工事をし，又は製造をする高圧ガスの種類若しくは製造の方法を変更しようとするとき適用される技術上の基準には，製造施設の設置の許可の場合と同じ基準が適用される．

ハ．第一種製造者は，アンモニアを冷媒ガスとする製造設備の圧縮機の取替えの工事であって，その設備の冷凍能力が増加する工事を行おうとするときは，事前に都道府県知事の許可を受けなければならない．

ニ．アンモニアを冷媒ガスとする製造設備で製造設備の冷媒設備に係る切断，溶接を伴わない凝縮器の取替えの工事をしようとするときその変更工事の完成後，軽微な変更の工事として遅滞なく，都道府県知事に届け出なければならない．

ホ．冷凍のため高圧ガスの製造をする第一種製造者の定置式製造設備である製造施設に，その製造設備とブラインを共通に使用する認定指定設備を増設する工事は，軽微な変更の工事に該当する．

● 解説 ●

イ…誤

承継のうち，相続，合併又は分割の場合のみ新規許可特例として認めているが，それら以外の譲渡などの場合は，新たに都道府県知事の許可を受けなければならない．

ロ…正　記述のとおり．

ハ…正

アンモニア（可燃性ガス，毒性ガス）を冷媒ガスとする製造設備の圧縮機の取替えの工事やその設備の冷凍能力が増加する製造設備の取替えの工事は，いずれも軽微な変更の工事に該当しないので，事前に都道府県知事の許可を受けなければならない．

ニ…誤

アンモニア（可燃性ガス，毒性ガス）を冷媒ガスとする製造設備の製造設備の凝縮器の取替えの工事は，で軽微な変更の工事に該当しないので，事前に都道府県知事の許可を受けなければならない．

ホ…正　記述のとおり．

実践問題（6）

問　次のイ，ロ，ハの記述のうち，正しいものはどれか．最も適切な答えを（1），（2），（3），（4），（5）の選択肢の中から1個選びなさい．

イ．冷凍のため高圧ガスの製造をする第一種製造者の定置式製造設備である製造施設に，その製造設備とブラインを共通に使用する認定指定設備を増設する工事は，軽微な変更の工事に該当する．

ロ．1日の冷凍能力が5トンの冷凍設備内における高圧ガスであるフルオロカーボン（不活性のものに限る）は，高圧ガス保安法の適用を受けない．

ハ．1日の冷凍能力が50トンである冷凍のための設備（一つの設備であって，認定指定設備でないもの）を使用して高圧ガスの製造をしようとする者は，その製造をする高圧ガスの種類にかかわらず，事業所ごとに都道府県知事の許可を受けなければならない．

（1）イ　（2）ロ　（3）イ，ハ　（4）ロ，ハ　（5）イ，ロ，ハ

〈解説〉

イ…正
　第一種製造者に係る製造施設にブラインを共通とする認定指定設備を増設する工事は，軽微な変更の工事に該当する．軽微な変更の工事は，その完成後遅滞なく，その旨を都道府県知事に届け出なければならないと定められている．

ロ…誤
　1日の冷凍能力が5トン未満の冷凍設備内における高圧ガスである不活性のフルオロカーボンは，高圧ガス保安法の適用を受けないが，5トン以上（5トンを含む）であれば，高圧ガス保安法の適用を受ける．

ハ…正
　次の高圧ガスを製造する者（認定指定設備を除く）は，事業所ごとに都道府県知事の許可を受けなければならない．
　・フルオロカーボン及びアンモニアにあっては，1日の冷凍能力が50トン以上
　・その他のガスにあっては，1日の冷凍能力が20トン以上
　したがって，高圧ガスの種類にかかわらず，1日の冷凍能力が50トンである冷凍設備を使用して高圧ガスの製造をしようとする者は，都道府県知事の許可を受けなければならない．

正解　(3)　イ，ハ

実践問題（7）

問 次のイ，ロ，ハの記述のうち，正しいものはどれか．最も適切な答えを (1)，(2)，(3)，(4)，(5) の選択肢の中から1個選びなさい．

イ．第一種製造者は，その製造設備の冷媒ガスの種類を変更しようとするときは，その製造設備の変更の工事を伴わない場合であっても，都道府県知事の許可を受けなければならない．

ロ．第一種製造者がアンモニアを冷媒ガスとする製造設備の圧縮機の取替えの工事を行う場合，切断，溶接を伴わない工事であって，その設備の冷凍能力の変更を伴わないものであれば，その完成後，都道府県知事にその旨を届け出ればよい．

ハ．冷凍のための設備を使用して高圧ガスの製造をしようとする者が，その製造について都道府県知事の許可を受けなければならない場合の1日の冷凍能力の最小の値は，冷媒ガスである高圧ガスの種類に関係なく同じ値である．

(1) イ　(2) ハ　(3) イ，ロ　(4) ロ，ハ　(5) イ，ロ，ハ

〈解説〉
イ…正
　第一種製造者は，製造設備の冷媒ガスの種類を変更しようとするときは，都道府県知事の許可を受けなければならないと定められている．

ロ…誤
　アンモニア（可燃性ガス，毒性ガス）を冷媒ガスとする製造設備の圧縮機の取替えの工事は，切断，溶接を伴わない工事で，かつ，設備の冷凍能力の変更を伴わないものであっても，軽微な変更の工事に該当しないので，事前に都道府県知事の許可を受けなければならないと定められている．

ハ…誤
　都道府県知事の許可を受けなければならないのは，1日の冷凍能力がフルオロカーボン及びアンモニアを冷媒ガスとする設備で50トン以上，その他の冷媒ガスとする設備で20トン以上となっている．したがって，都道府県知事の許可を受けなければならない場合の1日の冷凍能力の最小の値は，冷媒ガスである高圧ガスの種類によって異なる．

正解　(1) イ

2-4 第一種製造者の法的規制Ⅱ（完成検査）

> 要点整理

○ 完成検査の受検
　第一種製造者は，製造施設の完成後に完成検査を受け，施設の位置，構造及び設備が技術基準に適合していると認められた後でなければ，これを使用できない．

○ 完成検査の実施者
　次の何れかの者が実施する完成検査を受けなければならない．
・都道府県知事
・指定完成検査機関（都道府県知事に完成検査受検の届出が必要）
・高圧ガス保安協会（都道府県知事に完成検査受検の届出が必要）

```
第一種製造者     ①完成検査申請 →     都道府県知事
             ← ②完成検査実施
 製造施設    ← ③完成検査証交付
             ┄(5) 完成検査受験の届出┄    (4) 完成検査
                                         結果の報告
             ┄(1) 完成検査申請 →     高圧ガス保安協会
             ← (2) 完成検査実施
             ← (3) 完成検査証交付┄   指定完成検査機関
```

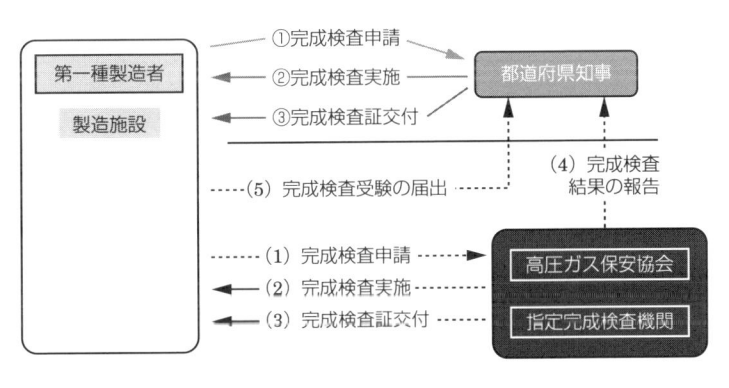

図 2.4　製造施設設置（新規）の完成検査の手続等

○ 完成検査を要しない変更の工事の範囲
　第　種製造者の製造設備の取替えの工事は，完成検査を要しない．ただし，次のものを除く．
・耐震設計構造物として適用を受ける製造設備
・可燃性ガス及び毒性ガスを冷媒とする冷媒設備
・冷媒設備に係る切断，溶接を伴う工事
・冷凍能力の変更が変更前の製造設備の冷凍能力の 20% を超えるもの

1. 完成検査の受検（法第 20 条）

完成検査は，都道府県知事の許可を受けた第一種製造者，高圧ガスの製造施設の工事が完成した後，又は特定変更工事完成後，**施設の位置，構造及び設備**が技術基準に適合しているかを確認するための法定検査の一つである．

(1) 新設設置

第一種製造者は，高圧ガスの製造施設の**工事を完成したとき**は，**都道府県知事が行う完成検査**を受け，所定の技術上の基準に適合していると認められた後でなければ，これを使用してはならない．

ただし，**協会**（高圧ガス保安協会）又は**指定完成検査機関**（経済産業大臣が指定する者）が行う完成検査を受け，所定の技術上の基準に適合していると認められ，都道府県知事に完成検査受検の届出をした場合は，都道府県知事が行う完成検査を受けないで，その施設を使用できる．

なお，**協会又は指定完成検査機関**は，完成検査を行ったときは，遅滞なく，その結果を**都道府県知事に報告**しなければならない．

(2) 譲渡施設

第一種製造者からその製造のための**施設の全部又は一部の引渡しを受け，都道府県知事の許可を受けた者**は，すでに完成検査を受け，所定の技術上の基準に適合していると認められ，又は検査の記録の届出をした場合にあっては，完成検査を受けることなく当該施設を使用することができる．

(3) 特定変更工事

第一種製造者は，高圧ガスの製造施設の**特定変更工事が完成**したときは，新設設置と同様の手続き等を踏まなければならない．

なお，**認定完成検査実施者**が検査の記録を都道府県知事に届け出た場合は，都道府県知事が行う完成検査を受けないで，その施設を使用できる．

・完成検査に合格している既設施設の譲渡（承継を除く）を受けた者は，新規に都道府県知事の許可を受けた場合は，完成検査を受ける必要がない．

・**特定変更工事**とは，高圧ガスの製造のための施設の位置，構造若しくは設備の変更の工事（省令で定める者を除く）．

```
┌─────────────┐
│  第一種製造者  │
│【認定完成検査実施者】│ ── 完成検査記録の届出 ──▶ │都道府県知事│
│   製造施設    │
└─────────────┘
```

図 2.5　特定変更工事の完成検査（認定完成検査実施者）

2. 完成検査を要しない変更の工事の範囲（冷凍則第 23 条）

　第一種製造者の製造設備の取替えの工事であって，設備の冷凍能力の変更が**所定の範囲**（変更前の冷凍能力の **20%以下**）であるものは，完成検査を要しない．ただし，次のものを除く．

- ・耐震設計構造物として適用を受ける製造設備
- ・可燃性ガス及び毒性ガスを冷媒とする冷媒設備
- ・冷媒設備に係る切断，溶接を伴う工事

─ コラム ─

[**特定変更工事**]
　第一種製造者の製造設備の変更工事で，軽微な変更工事以外の都道府県知事の許可を要する変更工事であって，その変更の工事完了後，都道府県知事の完成検査を受けなければならないものである．
　ただし，都道府県知事の許可を要する変更の工事で，その変更に付随する処理能力の変更が所定の範囲（変更前の冷凍能力の 20%以下）のもの（特定変更工事以外の変更工事）は，都道府県知事等が行う完成検査を受けなくてもよいことになっている．

[**認定完成検査実施者**]
　特定変更工事（継続して 2 年以上高圧ガスを製造している施設）に係る完成検査を，自ら行うことができる者として経済産業大臣の認定を受けた第一種製造者である．
　自ら行った完成検査の記録を都道府県知事に届け出れば，都道府県知事が行う完成検査を受ける必要がない．
　なお，自ら完成検査ができる認定完成検査実施者及び自ら保安検査ができる認定保安検査実施者を認定実施者という．

チェック ☑

冷凍のため高圧ガスの製造をする第一種製造者（認定完成検査実施者である者を除く）について，正しいものはどれか．

イ．第一種製造者は，高圧ガスの製造施設の設置の工事を完成し，都道府県知事が行う完成検査を受けた場合，これが所定の技術上の基準に適合していると認められた後に，その施設を使用することができる．

ロ．特定変更工事が完成し，その工事に係る製造施設について都道府県知事が行う完成検査を受けた場合，これが所定の技術上の基準に適合していると認められた後でなければ，その施設を使用してはならない．

ハ．製造設備（フルオロカーボン 134a の冷媒を使用）の冷媒設備に係る切断，溶接を伴わない圧縮機の取替えの工事をしようとするとき，その冷凍能力の変更が所定の範囲であるものは，都道府県知事の許可を受けなければならないが，その変更工事の完成後，完成検査を受けることなく使用することができる．

ニ．特定変更工事が完成した後，高圧ガス保安協会が行う完成検査を受けた場合，これが技術上の基準に適合していると認められたときは，高圧ガス保安協会がその結果を都道府県知事に届け出るので，この事業者は完成検査を受けた旨を都道府県知事に届け出る必要はない．

ホ．すでに完成検査を受けているこの製造施設の全部の引渡しがあった場合，その引渡しを受けた者は，都道府県知事の許可を受けることなくこの製造施設を使用することができる．

●解説●

イ…正　記述のとおり．

ロ…正　記述のとおり．

ハ…正　記述のとおり．

ニ…誤

特定変更工事が完成した後，高圧ガス保安協会が行う完成検査を受け技術上の基準に適合していると認められたときは，その旨を都道府県知事に届け出なければ，これを使用してはならない．

ホ…誤

すでに完成検査を受けているこの製造施設の全部の引渡しがあった場合，その引渡しを受けた者は，新規に都道府県知事の許可を受けなければならない．

実践問題（8）

問　次のイ，ロ，ハの記述のうち，冷凍のため高圧ガスの製造をする第一種製造者（認定完成検査実施者である者を除く）について正しいものはどれか．最も適切な答えを (1), (2), (3), (4), (5) の選択肢の中から1個選びなさい．

イ．第一種製造者が製造施設の特定変更工事を完成したときに受ける完成検査は，都道府県知事又は高圧ガス保安協会若しくは指定完成検査機関のいずれかが行うものである．

ロ．製造施設の特定変更工事を完成しその工事に係る施設について都道府県知事が行う完成検査を受けた場合，これが所定の技術上の基準に適合していると認められた後でなければその施設を使用してはならない．

ハ．第一種製造者は，冷媒設備である圧縮機の取替えの工事であって，その工事を行うことにより冷凍能力が増加するときは，その冷凍能力の変更の範囲にかかわらず，都道府県知事の許可を受けなければならない．

(1) イ　(2) ロ　(3) イ, ロ　(4) ロ, ハ　(5) イ, ロ, ハ

〈解説〉
イ…正
　完成検査は，都道府県知事または高圧ガス保安協会若しくは指定完成検査機関のいずれかが行うものである．ただし，協会又は指定完成検査機関は，完成検査を行ったときは，遅滞なく，その結果を都道府県知事に報告しなければならないと定められている．

ロ…正
　第一種製造者は，製造施設の特定変更工事を完成しその工事に係る施設についてし，都道府県知事が行う完成検査を受けた場合，これが所定の技術上の基準に適合していると認められた後に，その施設を使用することができる．

ハ…正
　製造設備の取り換え工事で，冷凍能力の変更を伴う変更の工事は，都道府県知事の許可を受ける必要のない軽微な変更の工事には該当しない．なお，完成検査を要しない変更の工事の範囲の場合と混同しないように注意を要する．

正解 (5) イ, ロ, ハ

2-5 第二種製造者の法的規制

要点整理

○ 製造の届出
事業所ごとに，製造開始の日の **20 日前**までに都道府県知事に届出
○ 製造施設及び製造の方法
・製造施設の位置，構造及び設備…所定の製造設備の技術上の基準
・高圧ガスの製造…所定の製造方法に係る技術上の基準
○ 製造施設等の変更
第二種製造者は，次の製造施設等の変更…あらかじめ，都道府県知事に届出．
・製造施設の位置，構造，設備の変更（軽微な変更の工事を除く）
・製造をする高圧ガスの種類の変更
・製造の方法の変更
○ 軽微な変更の工事等
軽微な変更の工事（都道府県知事への届出不要）は，次に示すものである．
① 独立した製造設備の撤去の工事．
② 製造設備の取替え工事で，冷凍能力の変更を伴わないもの．ただし，次のものを除く．
・可燃性ガス及び毒性ガスを冷媒とする冷媒設備の取替え
・冷媒設備に係る切断，溶接を伴う工事
③ 製造設備以外の製造施設に係る設備の取替えの工事
④ 指定設備認定証が無効とならない認定指定設備に係る変更の工事

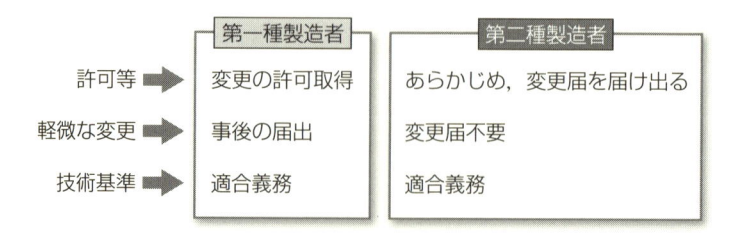

	第一種製造者	第二種製造者
許可等 →	変更の許可取得	あらかじめ，変更届を届け出る
軽微な変更 →	事後の届出	変更届不要
技術基準 →	適合義務	適合義務

図 2.6　製造のための施設等の変更の手続きの流れ

〈第二種製造者の法的規制〉
① 事業所ごとに製造開始の 20 日前までに都道府県知事に届出（法第 5 条）
② 承継（法第 10 条の 2）
③ 省令で定める技術上の基準への適合（法第 12 条）

④ 製造のための施設等の変更（法第14条）
⑤ 製造の廃止の届出（法21条）
⑥ 保安教育の実施（法第27条）
⑦ 定期自主検査の実施と検査記録の作成及び保存（法第35条の2）
⑧ 危険時の措置及び届出（法第36条）
⑨ 火気等の制限（法第37条）
⑩ 火災，盗難の届出（法第63条）

1. 製造の届出（法第5条）

　第二種製造者は，事業所ごとに，高圧ガスの製造開始の日の20日前までに，その旨を都道府県知事に届け出なければならない．

2. 製造施設及び製造の方法（法第12条）

(1) 第二種製造者は，製造のための施設を，その位置，構造及び設備が省令（冷凍則第11条）で定める製造設備の技術上の基準に適合するように維持しなければならない．

(2) 第二種製造者は，省令（冷凍則第14条）で定める製造方法に係る技術上の基準に従って高圧ガスの製造をしなければならない．

(3) 都道府県知事は，第二種製造者の製造のための施設又は製造の方法が所定の技術上の基準に適合していないと認めるときは，その技術上の基準に適合するように製造のための施設を修理し，改造し，若しくは移転し，又はその技術上の基準に従って高圧ガスの製造をすべきことを命ずることができる．

3. 第二種製造者の製造の方法に係る技術上の基準（冷凍則第14条）

① 製造設備の設置又は変更の工事を完成したときは，次のいずれかの試験を行った後でなければ製造をしないこと．
　・酸素以外のガスを使用する試運転
　・許容圧力以上の圧力で行う気密試験（空気を使用する

・第二種製造者は，完成検査，保安検査が除かれ，危害予防規程の制定が不要である．又，冷凍機械責任者の選任が不要（ただし，冷凍能力20トン以上である不活性なもの以外のフルオロカーボン，アンモニアを冷媒ガスとする第二種製造者は必要）となっている．

[2-5 第二種製造者の法的規制] 49

ときは，あらかじめ，冷媒設備中にある可燃性ガスを排除した後に行うものに限る）
② 冷凍則第9条（製造の方法に係る技術基準）の第1号から第4号までの基準に適合すること．

4. 製造施設等の変更（法第14条）

第二種製造者は，次の製造施設等の変更しようとするときは，あらかじめ，**都道府県知事に届け出なければならない**．

・製造施設の位置，構造，設備の変更（軽微な変更の工事を除く）
・製造をする高圧ガスの種類の変更
・製造の方法の変更

5. 第二種製造者に係る軽微な変更の工事（冷凍則第19条）

軽微な変更の工事は，次の各号に掲げるものである．
① 独立した製造設備（認定指定設備を除く）の撤去の工事．
② 製造設備の取替え工事で，**冷凍能力の変更を伴わないもの**．ただし，次のものを除く．
　・**可燃性ガス及び毒性ガスを冷媒とする冷媒設備の取替え**
　・**冷媒設備に係る切断，溶接を伴う工事**
③ 製造設備以外の製造施設に係る設備の取替えの工事
④ 指定設備認定証が無効とならない認定指定設備に係る変更の工事

なお，軽微な変更の工事に該当する場合は，届出は不要である．

・冷凍設備の圧縮機，凝縮器，蒸発器，配管，弁等を撤去する工事は，変更届の対象になる．

チェック ☑

冷凍のため高圧ガスの製造をする第二種製造者について，正しいものはどれか．

イ．第二種製造者は，事業所ごとに，製造開始の日の 20 日前までに，高圧ガスの製造をする旨を都道府県知事に届け出なければならない．

ロ．第二種製造者が従うべき製造の方法に係る技術上の基準は，定められていない．

ハ．第二種製造者には，製造のための施設を，その位置，構造及び設備が技術上の基準に適合するように維持すべき定めはない．

ニ．第二種製造者が，製造の方法を変更しようとするとき，その旨を都道府県知事に届け出ることの定めはない．

ホ．第二種製造者は，製造設備の設置又は変更の工事が完成したとき，酸素以外のガスを使用する試運転又は許容圧力以上の圧力で行う気密試験を行った後でなければ，製造をしてはならない．

●解説●

イ…正　記述のとおり．

ロ…誤

　第二種製造者は，所定の技術上の基準に従って高圧ガスの製造をしなければならない．

ハ…誤

　第二種製造者は，製造のための施設を，その位置，構造及び設備が所定の技術上の基準に適合するように維持しなければならない．

ニ…誤

　第二種製造者は，製造する高圧ガスの種類若しくは製造の方法を変更しようとするときは，あらかじめ，都道府県知事に届け出なければならない．

ホ…正　記述のとおり．

実践問題（9）

問　次のイ，ロ，ハの記述のうち，冷凍のため高圧ガスの製造をする第二種製造者について正しいものはどれか．最も適切な答えを (1)，(2)，(3)，(4)，(5) の選択肢の中から1個選びなさい．

イ．第二種製造者が製造の方法を変更しようとするときには，その旨を都道府県知事に届け出るべき定めはない．

ロ．第二種製造者は，事業所ごとに製造開始の日の20日前までに高圧ガスの製造をする旨を都道府県知事に届け出なければならない．

ハ．第二種製造者は，定められた技術上の基準に従って高圧ガスの製造をしなければならない．

(1) イ　(2) ロ　(3) イ，ハ　(4) ロ，ハ　(5) イ，ロ，ハ

〈解説〉

イ…誤

「第二種製造者は，製造施設の位置，構造若しくは設備の変更の工事をし，又は製造をする高圧ガスの種類若しくは製造の方法を変更しようとするときは，あらかじめ，都道府県知事に届け出なければならないこと．」と定められている．ただし，製造のための施設の位置，構造又は設備について省令で定める軽微な変更の工事に該当する場合は，届出は不要である．

ロ…正

「第二種製造者は，事業所ごとに，20日前までに，製造をする高圧ガスの種類，製造施設の位置，構造及び設備並びに製造の方法を記載した書面を添えて，都道府県知事に届け出なければならないこと．」と定められている．

ハ…正

「第二種製造者は，省令で定める技術上の基準に従って高圧ガスの製造をしなければならないこと．」と定められている．

正解 (4) ロ，ハ

2-6 製造設備の技術上の基準

要点整理

表 2.2 製造設備の技術上の基準

号	定置式製造設備	第一種製造者 (冷凍則第 7 条) その他	可燃性ガス	毒性ガス	第二種製造者 (冷凍則第 12 条) その他	可燃性ガス	毒性ガス	備 考
1	引火性,発火性のたい積した場所及び火気の付近の禁止	○	○	○	○	○	○	
2	警戒標の掲示	○	○	○	○	○	○	
3	冷媒ガスが滞留しない構造	－	○	○	－	○	○	
4	冷媒ガスが漏えいしない構造	○	○	○	○	○	○	
5	凝縮器などの耐震構造	○	○	○	－	－	－	
6	気密試験,耐圧試験の実施	○	○	○	○	○	○	
7	圧力計の設置	○	○	○	－	－	－	
8	安全装置の設置	○	○	○	○	○	○	
9	安全弁,破裂板の放出管の設置	－	○	○	－	○	○	吸収式アンモニア冷凍機を除く.
10	受液器で丸形ガラス管以外の液面計の使用	－	○	○	－	○	○	
11	液面計の破損防止	○	○	○	○	○	○	
12	消火設備の設置	－	○	－	－	○	－	
13	受液器の冷媒ガス流出防止の措置	－	－	○	－	－	－	
14	電気設備の防爆装置	－	○	－	－	○	－	アンモニアを除く.
15	冷媒ガスの漏えい検知と警報設備	－	○	○	－	○	○	吸収式アンモニア冷凍機を除く.
16	除害のための措置	－	－	○	－	－	○	吸収式アンモニア冷凍機を除く.
17	バルブ等の操作に係る適切な措置	○	○	○	○	○	○	

○印は規定条文に該当している.

[2-6 製造設備の技術上の基準] 53

第一種製造者は，製造施設を，その位置，構造及び設備が，省令（冷凍則第7条）で定める製造設備の技術上の基準に適合するように維持しなければならない．

定置式製造設備（認定指定設備を除く）に係わる技術上の基準は，次に掲げるものである．（冷凍則第7条）

○第1号　引火性，発火性のたい積した場所及び火気の付近の禁止

圧縮機，油分離器，凝縮器及び受液器並びにこれらの間の配管は，**引火性，発火性の物（作業に必要なものを除く）をたい積した場所及び火気**（製造設備内のものを除く）**の付近にない**こと．

ただし，火気に対して安全な措置を講じた場合は，この限りでない．

・冷媒設備の高圧部は，引火性及び発火性のあるものは火気の付近を避ける．(第1号)

○第2号　警戒標の掲示

製造施設には，外部から見やすいように**警戒標を掲げる**こと．

○第3号　冷媒ガスが滞留しない構造

圧縮機，油分離器，凝縮器，受液器又はこれらの間の配管（**可燃性ガス又は毒性ガスの製造設備**に限る）を設置する部屋は，冷媒ガスが漏えいしたとき**滞留しない構造**とすること（窓，扉の開口部など）．

○第4号　冷媒ガスが漏えいしない構造

製造設備は，**振動，衝撃，腐食**などにより冷媒ガスが漏れないものであること（適切な防振装置など）．

○第5号　凝縮器などの耐震構造

凝縮器（縦置円筒形で胴部の長さが**5m以上**），受液器（内容積が**5000ℓ以上**）及び配管の支持構造と基礎は地震の影響に対して安全な構造とすること．

・耐震設計基準が適用される凝縦器は，縦置円筒形で胴部の長さが5m以上のものと限られており，横置円筒形で胴部の長さが5mの凝縮器は該当しない．(第5号)

○第6号　気密試験，耐圧試験の実施

冷媒設備及び配管以外の部分は，次の試験に合格するもの又は経済産業大臣がこれらと同等以上のものと認めた**高圧ガス保安協会が行う試験に合格したもの**であること．

① 冷媒設備…**気密試験**
・**許容圧力以上**の圧力で行う．
② 配管以外の部分…**耐圧試験**
・**許容圧力の 1.5 倍以上**の圧力で水その他の安全な液体を使用して行う（液体を使用することが困難であると認められるときは，**許容圧力の 1.25 倍以上**の圧力で空気，窒素などの気体を使用して行う）

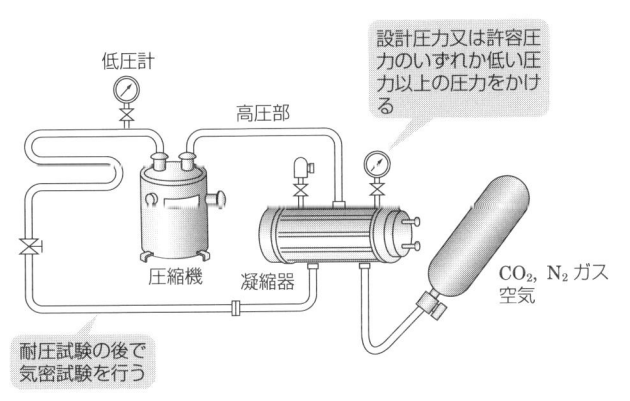

図中ラベル：低圧計／高圧部／設計圧力又は許容圧力のいずれか低い圧力以上の圧力をかける／圧縮機／凝縮器／CO₂，N₂ ガス 空気／耐圧試験の後で気密試験を行う

図 2.7　気密試験

・気密試験は，耐圧試験に合格した容器などの組立品及びにこれらを冷媒配管で連結した冷媒設備にについて行うガス圧試験である．（第 6 号）なお，気密試験圧力又は耐圧試験圧力は，設計圧力又は許容圧力のいずれか低い圧力以上の圧力（設計圧力等という）とする．（関係例示基準）

第 7 号　圧力計の設置

冷媒設備（圧縮機の油圧系統を含む）には**圧力計**を設けること．

ただし，圧縮機が強制潤滑方式であって，潤滑油圧力に対する保護装置を有するものは除く．

第 8 号　安全装置の設置

冷媒設備には，設備内の冷媒ガスの圧力が許容圧力を超えた場合に，直ちに許容圧力以下に戻すことができる**安全装置**（高圧遮断器，安全弁など）を設けること．

第 9 号　安全弁，破裂板の放出管の設置

安全装置の安全弁，破裂板には，**放出管**を設けること．放出管の開口部の位置は，放出する冷媒ガスの性質に応じ適切な位置であること（可燃性ガスの開口部は軒先より高く，毒性ガスの開口部は，除害設備の水槽内など）．ただし，不活性ガス冷

・圧縮機が強制潤滑方式であって，潤滑油圧力に対する保護装置を有する場合には，潤滑油圧力を示す圧力計は除かれる．ただし，圧縮機の油圧系統を含む冷媒設備には圧力計を設ける必要がある．（第 7 号）

[2-6 製造設備の技術上の基準]

凍設備や吸収式アンモニア冷凍機は除く．

○第10号　受液器で丸形ガラス管以外の液面計の使用
　　可燃性ガス，毒性ガスを冷媒ガスとする冷媒設備の受液器の液面計は**丸形ガラス管液面計以外**のものを使用すること．

・丸形ガラス管液面計は，強度が弱くて破損する危険があるため，可燃性ガス，毒性ガスを冷媒とした冷媒設備に使用できない．（第10号）

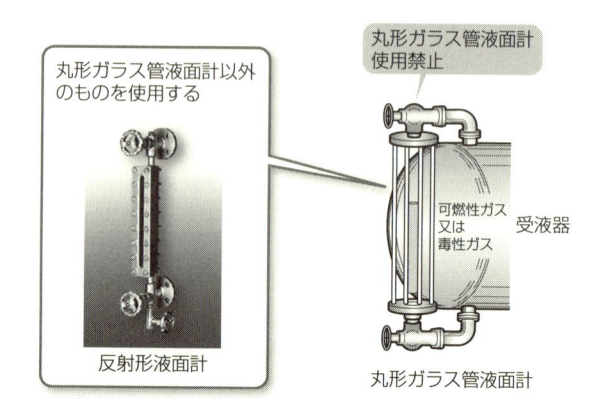

図2.8　可燃性ガス，毒性ガスを冷媒ガスとする受液器の液面計

○第11号　液面計の破損防止
　・受液器にガラス管液面計を設ける場合には，破損を防止するための措置を講じること．
　・**可燃性ガス又は毒性ガスを冷媒とする設備の受液器とガラス管液面計とを接続する配管**には，ガラス管液面計の破損による**漏えいを防止する措置**（止め弁など）**を講ずる**こと．

○第12号　消火設備の設置
　　可燃性ガスの製造施設には，その規模に応じて，適切な**消火設備を適切な箇所に設けること**．

○第13号　受液器への毒性ガス流出防止の措置
　　毒性ガスを冷媒ガスとする冷凍設備の受液器は，その内容積が**10 000ℓ以上**のものの周囲には液状のガスが漏えいした場合にその**流出を防止するための措置**(防液堤など)を講ずること．

○第14号　電気設備の防爆装置
　　可燃性ガス（アンモニアを除く）を冷媒ガスとする冷媒設備

56　[2章　事　業]

の電気設備はその設置場所及びガスの種類に応じた防爆性能を有する構造であること．

○第 15 号　冷媒ガスの漏えい検知と警報装置

可燃性ガス，毒性ガスの製造施設には，漏えいガスが滞留するおそれのある場所に，**ガスの漏えいを検知し**，かつ，**警報設備を設けること**（吸収式アンモニア冷凍機に係る施設については除く）．

・アンモニア冷媒のように可燃性ガス，毒性ガスが微量に漏れても大きな被害を及ぼすおそれがあるため，この漏れを早期発見し，警報を出して被害の拡大を防止する．（第 15 号）

○第 16 号　除害のための対策

毒性ガスの製造設備には，ガスが漏えいしたときに安全に，かつ，すみやかに**除害するための措置**を講じること（吸収式アンモニア冷凍機は除く）．

○第 17 号　バルブ等の操作に係る適切な操作措置

製造設備に設けたバルブ，コック（操作ボタンなどで操作する場合は，その操作ボタンなど）には，**作業員がバルブ又はコックを適切に操作することができるような措置を講ずること**（関係例示規定の 15 参照）．ただし，操作ボタンなどを使用することなく自動制御で開閉されるバルブ又はコックを除く．

・バルブ等
　バルブ又はコックをいう．
・操作ボタンなどが日常の運転操作に必要としないものへの除外規定はない．（第 17 号）

コラム

[バルブ等の操作に係る適切な措置（関係例示規定の 15）]
　バルブ等の操作に係る適切な措置に関して，次のように規定している．
① 手動操作するバルブ等には，そのハンドル又は別に取り付けた標示板等に，バルブ等の開閉方向を明示すること．
② 操作することにより製造設備に保安上重大な影響を与えるバルブ等（安全弁の元弁，電磁弁，冷却水止め弁など）には，**開閉状態を明示すること**．
③ バルブ等（操作ボタンにより製造設備に保安上重大な影響を与えるバルブ等であって，可燃性ガス又は毒性ガス以外の冷媒ガスを除く）に係る**配管**には，バルブ等に近接する部分に，**流体の種類を塗色，銘板又はラベル等で表示と流れの方向を表示すること．**
④ 操作することにより，製造設備に保安上重大な影響を与えるバルブ等のうち，通常使用しないバルブ等には**誤操作を防止するため施錠，封印又はハンドルを取り外すなどの措置**を講ずること．
⑤ バルブ等を操作する場所には，バルブ等の機能及び使用頻度に応じ，バルブ等を確実に操作するために必要な操作空間及び照度を確保すること．

[2-6 製造設備の技術上の基準]　57

チェック1 ☑

第一種製造者の定置式製造設備である製造施設について冷凍保安規則上正しいものはどれか．

イ．圧縮機，凝縮器等が引火性又は発火性の物（作業に必要なものを除く）をたい積した場所の付近にあってはならない旨の定めは，不活性ガスを冷媒とする製造施設には適用されない．

ロ．圧縮機と凝縮器との間の配管が，引火性又は発火性の物（作業に必要なものを除く）をたい積した場所の付近にあってはならない旨の定めは，認定指定設備である製造設備には適用されない．

ハ．冷媒設備の圧縮機は火気（その製造設備内のものを除く）の付近に設置してはならないが，その火気に対して安全な措置を講じた場合はこの限りでない．

ニ．製造設備を設置した室に外部から容易に立ち入ることができない措置を講じた場合，製造施設に警戒標を掲げる必要はない．

ホ．内容積が所定の値以上である受液器並びにその支持構造物及びその基礎を所定の耐震設計の基準により地震の影響に対して安全な構造としなければならない定めは，冷媒ガスが不活性ガスである場合でも適用される．

ヘ．凝縮器には所定の耐震設計の基準により，地震の影響に対して安全な構造としなければならないものがあるが，縦置円筒形であって，かつ，胴部の長さが4mの凝縮器は，その構造としなくてよい．

● 解説 ●

イ…誤

　特に冷媒ガスが不活性ガスである場合の除外規定はない．

ロ…誤

　特に認定指定設備である場合の除外規定はない．

ハ…正　記述のとおり．

ニ…誤

　外部から容易に立ち入ることができない指置をした場合などの除外規定はない．

ホ…正

　特に冷媒ガスが不舌注ガスである場合の除外規定はない．

ヘ…正

　所定の耐震設計基準が適用される凝縮器は縦置円筒形で胴部の長さが5m以上のものと限られている．

チェック2 ✓

　製造設備がアンモニアを冷媒ガスとする定置式製造設備（吸収式アンモニア冷凍機であるものを除く）である第一種製造者の製造施設に係る技術上の基準について，冷凍保安規則上正しいものはどれか．

イ．冷媒設備の圧縮機，油分離器，凝縮器及び受液器並びにこれらの間の配管は，引火性の物又は発火性の物（作業に必要なものを除く）をたい積した場所の付近にあってはならない．

ロ．圧縮機を設置する室は，冷媒設備からアンモニアが漏えいしたときに滞留しないような構造としなければならない．

ハ．製造設備を設置する室のうち，冷媒ガスであるアンモニアが漏えいしたとき滞留しないような構造としなければならない室は，凝縮器と受液器を設置する室に限られている．

ニ．縦置円筒形で胴部の長さが5m以上の凝縮器及び配管（特に定めるものに限る）並びにこれらの支持構造物及び基礎は，所定の耐震設計の基準により，地震の影響に対して安全な構造としなければならないものに該当する．

ホ．凝縮器には所定の耐震設計の基準により，地震の影響に対して安全な構造としなければならないものがあるが，横置円筒形で胴部の長さが5mの凝縮器は，その構造としなくてよい．

●解説●

イ…正　記述のとおり．

ロ…正　記述のとおり．

ハ…誤

　アンモニアを冷媒ガス（可燃性ガス，毒性ガス）とする製造設備を設置する室は，冷媒ガスが漏えいしたときに滞留しないような構造とすることと定められており，凝縮器と受液器を設置する室のみに限られてはいない．

ニ…正　記述のとおり．

ホ…正　記述のとおり．

　凝縮器の横置円筒形で胴部の長さが5mであるが，所定の耐震基準でなくてもよい（横置円筒形凝縮器は，該当しないことに注意）．

チェック3 ✓

製造設備が定置式製造設備である第一種製造者の製造施設に係る技術上の基準について冷凍保安規則上正しいものはどれか．
イ．配管以外の冷媒設備について行う耐圧試験は，水その他の安全な液体を使用して行うことが困難であると認められるときは，空気，窒素などの気体を使用して行うことができる．
ロ．冷媒設備の配管の取替えの工事を行うとき，その配管を設計圧力及び設計温度における最大の応力に対し十分な強度を有するものとすれば，気密試験の実施を省略することができる．
ハ．冷媒設備の配管の変更工事の完成検査における気密試験は，許容圧力以上の圧力で行わなければならない．
ニ．冷媒設備の圧縮機が強制潤滑方式であって，潤滑油圧力に対する保護装置を有している場合であっても，その圧縮機の油圧系統を除く冷媒設備には圧力計を設けなければならない．
ホ．冷媒設備に圧力計を設け，かつ，その圧力を常時監視することとすれば，その冷媒設備には，圧縮機内の圧力が許容圧力を超えた場合に直ちに許容圧力以下に戻すことができる安全装置を設けなくてよい．

●解説●

イ…正　記述のとおり．

ロ…誤

特にその配管を設計圧力及び設計温度における最大の応力に対し，十分な強度を有するものとすることによる気密試験の除外規定はない．

ハ…正　記述のとおり．

ニ…正

圧縮機が強制潤滑方式で，潤滑油圧力に対する保護装置を有するものは，圧縮機の油圧系統については，設置が除外されている．

ホ…誤

特に冷媒設備の圧力を常時監視すれば，圧縮機内の圧力が許容圧力を超えた場合に直ちに許容圧力以下に戻すことができる安全装置を設けなくてよい除外規定はない．

チェック4 ☑

製造設備がアンモニアを冷媒ガスとする定置式製造設備（吸収式アンモニア冷凍機であるものを除く）である第一種製造者の製造施設に係る技術上の基準について冷凍保安規則上正しいものはどれか。

イ．製造設備が専用機械室に設置され，かつ，その室を運転中強制換気できる構造とした場合，冷媒設備に設けた安全弁の放出管の開口部の位置については，特に定められていない。

ロ．受液器に設ける液面計には，その液面計の破損を防止するための措置を講じれば，丸形ガラス管液面計を使用することができる。

ハ．受液器にガラス管液面計を設ける場合には，その液面計の破損を防止するための措置又は受液器とガラス管液面計とを接続する配管にその液面計の破損による漏えいを防止するための措置のいずれか一方の措置を講じればよい。

ニ．この受液器にガラス管液面計を設ける場合には，丸形ガラス管液面計以外のものとし，その液面計の破損を防止するための措置とともに，受液器とガラス管液面計とを接続する配管にその液面計の破損による漏えいを防止するための措置も講じなければならない。

●解説●

イ…誤

　安全弁の放出管の開口部の位置は，放出する冷媒ガスの性質に応じた適切な位置であることと定められている。特に運転中常時強制換気できる構造である専用機械室に設置されていることには関係しない。

ロ…誤

　アンモニア（可燃性ガスで毒性ガス）を冷媒ガスとする冷媒設備に係る受液器に設ける液面計には，丸形ガラス管液面計以外のものを使用しなければならないと定められている。特に液面計に破損を防止するための措置を講じた場合の適用除外の規定はない。

ハ…誤

　受液器にガラス管液面計を設ける場合には，そのガラス管液面計の破損を防止するための措置を講じ，その受液器とガラス管液面計とを接続する配管には，その液面計の破損による漏えい防止措置のいずれも講じなければならないと定められている。

ニ…正　記述のとおり．

[2-6 製造設備の技術上の基準] 61

チェック 5 ☑

製造設備が定置式製造設備である第一種製造者の製造施設に係る技術上の基準について冷凍保安規則上正しいものはどれか.

イ．内容積が 500ℓ の受液器の周囲には，液状のフルオロカーボン 134a が漏えいした場合にその流出を防止するための措置を講じなければならない．

ロ．製造設備に設けたバルブ又はコックであって，操作ボタン等を使用することなく自動制御で開閉されるバルブ又はコック以外のものには，作業員が適切にそのバルブ又はコックを操作することができるような措置を講じなければならない．

ハ．製造設備に設けたバルブ又はコックには，作業員がそのバルブ又はコックを適切に操作することができるような措置を講じなければならないが，そのバルブ又はコックが操作ボタン等により開閉される場合は，その操作ボタン等にはその措置を講じなくてもよい．

ニ．アンモニアの製造設備に設けたバルブには，従業員が適切に操作できるような措置を講じなければならないが，フルオロカーボンの製造設備に設けたバルブにはその措置を講じなくてよい．

● 解説 ●

イ…誤

　フルオロカーボン 134a 冷媒ガスは毒性ガスでなく，かつ，受液器のその内容積も 10 000ℓ 以上のものでないので，液状ガスが漏えいした場合にその流出を防止するための措置を講じる必要がない．

ロ…正　記述のとおり．

ハ…誤

　製造設備に設けたバルブ又はコックが操作ボタンなどにより開閉される場合は，その操作ボタンなどには，作業員がその操作ボタンなどを適切に操作することができるような措置を講じなければならない．

ニ…誤

　冷媒ガスの種類にかかわらず，冷媒設備に設けたバルブには，作業員が適切に操作できるような措置を講じなければならない．

チェック6 ☑

製造設備がアンモニアを冷媒ガスとする定置式製造設備（吸収式アンモニア冷凍機であるものを除く）である第一種製造者の製造施設に係る技術上の基準について冷凍保安規則上正しいものはどれか．

イ．製造施設（1日の冷凍能力：75トン）の規模が小さいので，この製造施設には消火設備を設けなかった．

ロ．受液器は，その内容積の値によっては，その周囲に液状の冷媒ガスが漏えいした場合にその流出を防止するための措置を講じなければならない場合がある．

ハ．受液器には，その周囲に冷媒ガスである液状のアンモニアが漏えいした場合にその流出を防止するための措置を講じなければならないものがあるが，その内容積が3 000 ℓであるものは，それに該当しない．

ニ．製造設備が専用機械室に設置されている場合は，製造施設から漏えいしたガスが滞留するおそれのある場所であっても，そのガスの漏えいを検知し，かつ，警報するための設備を設ける必要はない．

ホ．製造設備が専用機械室に設置されている場合であっても，製造設備にはアンモニアが漏えいしたときに安全にかつ，速やかに除害するための措置を講じなければならない．

●解説●

イ…誤

可燃性ガスの製造施設には，その規模に応じて，適切な消火設備を適切な箇所に設けなければならない．

ロ…正

受液器は，毒性ガスを冷媒ガスとするもの（アンモニアなど）で，かつ，その内容積が10 000 ℓ以上のものについては，液状のガスが漏えいした場合に，その流出を防止するための措置を講じなければならない

ハ…正

毒性ガス（アンモニアなど）を冷媒ガスを用いているが，受液器の内容積が，10 000 ℓ未満なので，この規定に該当しない．

ニ…誤

特に製造施設が専用機械室に設置されている場合についての除外規定はない．

ホ…正　記述のとおり．

実践問題（10）

問 次のイ，ロ，ハの記述のうち，製造設備がアンモニアを冷媒ガスとする定置式製造設備（吸収式アンモニア冷凍機であるものを除く）である第一種製造者の製造施設に係る技術上の基準について冷凍保安規則上正しいものはどれか．
　最も適切な答えを (1), (2), (3), (4), (5) の選択肢の中から1個選びなさい．

イ．製造設備が専用機械室に設置されている場合であっても，製造設備にはアンモニアが漏えいしたときに安全にかつ，速やかに除害するための措置を講じなければならない．

ロ．製造設備を設置する室のうち，冷媒ガスであるアンモニアが漏えいしたとき滞留しないような構造としなければならない室は，凝縮器と受液器を設置する室に限られている．

ハ．受液器に設ける液面計には，丸形ガラス管液面計を使用してはならない．

　(1) イ　　(2) ロ　　(3) イ，ハ　　(4) ロ，ハ　　(5) イ，ロ，ハ

〈解説〉
イ…正
　「毒性ガスの製造設備には，そのガスが漏えいしたときに安全に，かつ，速やかに除害するための措置を講ずること．」と定められている．特に専用機械室に設置されている設備に対する除外規定はない．アンモニアは，可燃性ガスでもあり毒性ガスでもある．
ロ…誤
　「圧縮機，油分離器，凝縮器若しくは受液器又はこれらの間の配管（可燃性ガス又は毒性ガスの製造設備のものに限る）を設置する室は，冷媒ガスが漏えいしたとき滞留しないような構造とすること．」と定められている．凝縮器と受液器を設置する室のみに限られてはいない．
ハ…正
　「可燃性ガス又は毒性ガスを冷媒ガスとする冷媒設備に係る受液器に設ける液面計には，丸形ガラス管液面計以外のものを使用すること．」と定められている．

　　　　　　　　　　　　　　　　　　　　　　　正解　(3) イ，ハ

実践問題(11)

問 次のイ,ロ,ハの記述のうち,製造設備が定置式製造設備である第一種製造者の製造施設に係る技術上の基準について冷凍保安規則上正しいものはどれか.
最も適切な答えを(1),(2),(3),(4),(5)の選択肢の中から1個選びなさい.

イ.配管以外の冷媒設備について行う耐圧試験は,水その他の安全な液体を使用して行うことが困難であると認められるときは,空気,窒素などの気体を使用して行うことができる.

ロ.圧縮機と凝縮器との間の配管が,引火性又は発火性の物(作業に必要なものを除く)をたい積した場所の付近にあってはならない旨の定めは,認定指定設備である製造設備には適用されない.

ハ.冷媒設備の配管の取替えの工事を行うとき,その配管を設計圧力及び設計温度における最大の応力に対し十分な強度を有するものとすれば,気密試験の実施を省略することができる.

(1) イ　(2) ハ　(3) イ,ロ　(4) ロ,ハ　(5) イ,ロ,ハ

〈解説〉
イ…正
「冷媒設備は,配管以外の部分について許容圧力の1.5倍以上の圧力で水その他の安全な液体を使用して行う耐圧試験で,液体を使用することがが困難であると認められるときは,許容圧力の1.25倍以上の圧力で,空気,窒素などの気体を使用して行う耐圧試験に合格するものであること.」と定められている.

ロ…誤
「圧縮機,油分離器,凝縮器及び受液器並びにこれらの間の配管は,引火性又は発火性の物をたい積した場所及び火気の付近にないこと.」と定めている.特に認定指定設備である場合の除外規定はない.

ハ…誤
「冷媒設備(配管を含む)は,許容圧力以上で行う気密試験に合格するものであること.」と定められている.特にその配管を十分な強度を有するものとすることによる気密試験の除外規定はない.

正解　(1) イ

実践問題（12）

問 次のイ，ロ，ハの記述のうち，製造設備がアンモニアを冷媒ガスとする定置式製造設備（吸収式アンモニア冷凍機であるものを除く）である第一種製造者の製造施設に係る技術上の基準について冷凍保安規則上正しいものはどれか．
　最も適切な答えを（1），（2），（3），（4），（5）の選択肢の中から1個選びなさい．

イ．受液器には，その周囲に冷媒ガスである液状のアンモニアが漏えいした場合にその流出を防止するための措置を講じなければならないものがあるが，その受液器の内容積が5 000ℓであるものは，それに該当しない．

ロ．製造設備が専用機械室に設置され，かつ，その室を運転中強制換気できる構造とした場合，冷媒設備に設けた安全弁の放出管の開口部の位置については，特に定められていない．

ハ．製造設備が専用機械室に設置されている場合は，製造施設から漏えいしたガスが滞留するおそれのある場所であっても，そのガスの漏えいを検知し，かつ，警報するための設備を設ける必要はない．

(1) イ　(2) ハ　(3) イ，ロ　(4) ロ，ハ　(5) イ，ロ，ハ

〈解説〉

イ…正
　「毒性ガス（アンモニアなど）を冷媒ガスとする受液器で，内容積が10 000ℓ以上のものの周囲には，液状のそのガスが漏えいした場合にその流出を防止するための措置を講ずること．」と定められている．したがって，内容積が5 000ℓの受液器は，この規定に該当しない．

ロ…誤
　「安全弁の放出管の開口部の位置は，放出する冷媒ガスの性質に応じた適切な位置であること．」と定められている．特に専用機械室に設置してあることや運転中強制換気できる構造とした場合などの除外規定はない．

ハ…誤
　「可燃性ガス又は毒性ガスの製造施設には，その施設から漏えいするガスが滞留するおそれのある場所に，そのガスの漏えいを検知し，かつ，警報するための設備を設けること．」と定められている．特に製造施設が専用機械室に設置されている場合についての除外規定はない．

正解　(1) イ

実践問題（13）

問　次のイ，ロ，ハの記述のうち，製造設備が定置式製造設備である第一種製造者の製造施設に係る技術上の基準について冷凍保安規則上正しいものはどれか．
　　最も適切な答えを (1), (2), (3), (4), (5) の選択肢の中から1個選びなさい．

イ．冷媒設備に圧力計を設け，かつ，その圧力を常時監視することとすれば，その冷媒設備には，圧縮機内の圧力が許容圧力を超えた場合に直ちに許容圧力以下に戻すことができる安全装置を設けなくてよい．

ロ．アンモニアの製造設備に設けたバルブには，従業員が適切に操作できるような措置を講じなければならないが，フルオロカーボンの製造設備に設けたバルブにはその措置を講じなくてよい．

ハ．凝縮器には所定の耐震設計の基準により，地震の影響に対して安全な構造としなければならないものがあるが，縦置円筒形であって，かつ，胴部の長さが4mの凝縮器は，その構造としなくてよい．

(1) イ　(2) ハ　(3) イ, ロ　(4) ロ, ハ　(5) イ, ロ, ハ

〈解説〉

イ…誤
「冷媒設備には，その設備内の冷媒ガスの圧力が許容圧力を超えた場合に直ちに許容圧力以下に戻すことができる安全装置を設けること．」と定められている．特に冷媒設備の圧力を常時監視する場合の除外規定はない．

ロ…誤
「製造設備に設けたバルブ又はコックには，作業員がそのバルブ又はコックを適切に操作することができるような措置を講ずること．」と定められている．この規定は，使用する冷媒ガスの種類にかかわりなく該当する．

ハ…正
「凝縮器（縦置円筒形で胴部の長さが5m以上のものに限る），受液器（内容積が5000ℓ以上のものに限る）及び配管（経済産業大臣が定めるものに限る）並びにこれらの支持構造物及び基礎は，所定の耐震設計の基準により，地震の影響に対して安全な構造とすること．」と定められている．したがって，縦置円筒形で，胴部の長さが4mの凝縮器はこの規定には該当しない．

正解　(2) ハ

実践問題（14）

問 次のイ，ロ，ハの記述のうち，製造設備が定置式製造設備である第一種製造者の製造施設に係る技術上の基準について冷凍保安規則上正しいものはどれか．
　最も適切な答えを (1)，(2)，(3)，(4)，(5) の選択肢の中から1個選びなさい．

イ．冷媒設備の圧縮機は火気（その製造設備内のものを除く）の付近に設置してはならないが，その火気に対して安全な措置を講じた場合はこの限りでない．

ロ．製造設備に設けたバルブ（自動制御で開閉されるものを除く）は，凝縮器の直近に取り付けたバルブに作業員がそのバルブを適切に操作することができるような措置を講じていれば，ほかのバルブにはその措置を講じる必要はない．

ハ．内容積が所定の値以上である受液器並びにその支持構造物及びその基礎を所定の耐震設計の基準により地震の影響に対して安全な構造としなければならない定めは，冷媒ガスが不活性ガスである場合でも適用される．

(1) イ　(2) ロ　(3) イ，ハ　(4) ロ，ハ　(5) イ，ロ，ハ

〈解説〉

イ…正
　「圧縮機，油分離器，凝縮器及び受液器並びにこれらの間の配管は，引火性又は発火性の物をたい積した場所及び火気（製造設備内のものを除く）の付近にないこと．ただし，その火気に対して安全な措置を講じた場合は，この限りでない．」と定められている．

ロ…誤
　「製造設備に設けたバルブ又はコックには，作業員がそのバルブ又はコックを適切に操作することができるような措置を講ずること．」と定められている．この規定は，凝縮器直近のバルブに限定されない．

ハ…正
　「凝縮器（縦置円筒形で胴部の長さが5m以上のものに限る），受液器（内容積が5 000ℓ以上のものに限る）及び配管（大臣が定めるものに限る）並びにこれらの支持構造物及び基礎は，所定の耐震設計の基準により，地震の影響に対して安全な構造とすること．」と定められている．特に冷媒ガスが不舌注ガスである場合の除外規定はない．

正解　(3) イ，ハ

実践問題（15）

問　次のイ，ロ，ハの記述のうち，製造設備が定置式製造設備である第一種製造者の製造施設に係る技術上の基準について冷凍保安規則上正しいものはどれか．
　最も適切な答えを (1)，(2)，(3)，(4)，(5) の選択肢の中から1個選びなさい．

イ．アンモニアを冷媒ガスとする製造施設から漏えいするガスが滞留するおそれのある場所にそのガスの漏えいを検知し，かつ，警報するための設備を設けた場合であっても，この製造施設には消火設備を設けなければならない．

ロ．冷媒設備の圧縮機が強制潤滑方式であり，かつ，潤滑油圧力に対する保護装置を有しているものである場合は，その圧縮機の油圧系統には圧力計を設けなくてもよいが，その油圧系統を除く冷媒設備には圧力計を設けなければならない．

ハ．製造設備を設置した室に外部から容易に立ち入ることができない措置を講じた場合，製造施設に警戒標を掲げる必要はない．

(1) イ　　(2) ハ　　(3) イ，ロ　　(4) ロ，ハ　　(5) イ，ロ，ハ

〈解説〉

イ…正
　「可燃性ガス又は毒性ガスの製造施設には，その施設から漏えいするガスが滞留するおそれのある場所に，そのガスの漏えいを検知し，かつ，警報するための設備を設けること．」又，「可燃性ガスの製造施設には，その規模に応じて，適切な消火設備を適切な箇所に設けること．」と定められている．アンモニアは可燃性ガスであり毒性ガスであるから，これらの規定に該当する．

ロ…正
　「冷媒設備（圧縮機（その圧縮機が強制潤滑方式であって，潤滑油圧力に対する保護装置を有するものは除く）の油圧系統を含む）には，圧力計を設けること．」と定められている．

ハ…誤
　「製造施設には，その施設の外部から見やすいように警戒標を掲げること．」と定められている．外部から容易に立ち入ることができない措置を講じた場合等の除外規定はない．

正解　(3) イ，ロ

2-7 製造方法に係る技術上の基準

要点整理

○ 安全弁に付帯して設けた**止め弁**は，常に全開
○ **1日1回以上**製造施設の異常の有無を点検
○ 冷凍設備の修理等及び修理等した後
　・あらかじめ，**修理等の作業計画及び作業責任者**を定め，その責任者の監視の下で行う
　・**可燃性ガス，毒性ガスを冷媒**とする冷媒設備の修理等は，**危険の防止措置**を講じる
　・開放部分にほかの**部分からガスが漏えい**することの防止措置を講じる
○ バルブの操作は，**過大な力**を加えないよう必要な措置

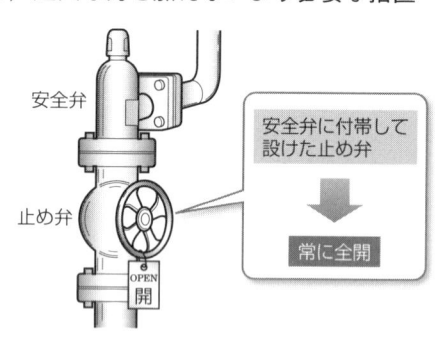

図 2.9　止め弁は全開

・安全弁に付帯して設けた止め弁は「修理等」のため特に必要なとき以外は，常に全開．

　第一種製造者の定置式製造設備の製造方法に係る技術上の基準（冷凍設備の運転や保全の基準）は，次のように定められている（冷凍則第9条）．

(1) 安全弁に付帯して設けた**止め弁**は，**常に全開**しておくこと．
　　ただし，安全弁の修理等（修理又は清掃）のため特に必要な場合は，この限りでない．

(2) 高圧ガスの製造は，製造する高圧ガスの種類及び製造設備の態様に応じ，**1日1回以上**製造施設の異常の有無を点

検し，異常のあるときは，設備の補修その他の危険を防止する措置を講じること．
(3) 冷凍設備の修理等をした後の高圧ガスの製造は，次の基準により保安上支障のない状態で行うこと．
　① 冷凍設備の修理等をするときは，あらかじめ，**修理等の作業計画**及び**作業責任者**を定め，修理作業計画に従い，責任者の監視の下で行うこと．又は異常があったときは直ちに責任者に通報するための措置を講じて行うこと．
　② 可燃性ガス，毒性ガスを冷媒とする冷媒設備の修理等は，危険を防止する措置を講じること．
　③ 冷媒設備を開放して修理等をするときは，開放部分に**ほかの部分からガスが漏えいする**ことを防止する措置を講ずること．
　④ 修理等が終了したときは，冷媒設備が正常に作動することを確認した後でなければ製造しないこと．
(4) 製造設備に設けた**バルブの操作**は，バルブの材質，構造，状態を勘案して**過大な力**を加えないよう必要な措置を講ずること．

・危険防止の措置として，窒素ガスや水等の反応しにくいガスや液体で置換するなどがある（例．アンモニアを窒素ガスで置換）．

─ コラム ─

[設備の修理又は清掃]（冷凍則関係例示基準16.4）

修理等を修了したときは，次に掲げる措置を講じ，異常のないことを確認した後でなければ，冷凍設備を運転してはならない．
(1) 冷媒設備の修理等を行った部分について許容圧力以上の圧力で行う気密試験を行い，気密であることを確認すること．
(2) 圧力計が所定の場所に取り付けられており，かつ，正常に作動することを確認すること．
(3) 安全装置が所定の場所に取り付けられており，かつ，以上のないことを確認すること．
(4) 安全弁の元弁は，全開されていることを確認すること．
(5) 冷媒ガスと置換したガスを安全に排出した後，冷媒ガスを充てんして試運転を行い，冷媒設備が正常に作動することを確認すること．

チェック1 ☑

第一種製造者の製造の方法について冷凍保安規則上正しいものはどれか．

イ．冷媒設備に設けた安全弁に付帯して設けた止め弁は，その安全弁の修理又は清掃のため特に必要な場合を除き，常に全開しておかなければならない．

ロ．高圧ガスの製造は，製造する高圧ガスの種類及び製造設備の態様に応じ，1日に1回以上その製造設備の属する製造施設の異常の有無を点検し，異常のあるときは，その設備の補修その他の危険を防止する措置を講じて行わなければならない．

ハ．冷媒設備の修理又は清掃を行うときは，あらかじめ，その修理又は清掃の作業計画及びその作業の責任者を定め，修理又は清掃はその作業計画に従うとともにその作業の責任者の監視の下で行うか，又は異常があったときに直ちにその旨をその責任者に通報するための措置を講じて行わなければならない．

ニ．安全弁に付帯して設けた止め弁は，常に全開にしておかなければならないが，その安全弁の修理又は清掃のため必要な場合に限り閉止してもよい．

ホ．冷媒設備の修理又は清掃をするとき，あらかじめ定めた作業計画に従い作業を行うこととすれば，その作業の責任者を定めなくてよい．

ヘ．冷媒設備を開放して修理又は清掃をするとき，その冷媒ガスが不活性のものである場合は，その開放する部分にほかの部分からガスが漏えいすることを防止するための措置を講じないで行うことができる．

● 解説 ●

イ…正　記述のとおり．

ロ…正　記述のとおり．

ハ…正　記述のとおり．

ニ…正　記述のとおり．

ホ…誤

冷凍設備の修理等をするときは，あらかじめ，修理等の作業計画及び作業責任者を定めなければならない．

ヘ…誤

冷媒ガスの種類に関係なく，冷媒設備のうち開放する部分にほかの部分からガスが漏えいすることを防止するための措置を講じなければならない．

チェック2 ☑

第一種製造者の製造の方法について冷凍保安規則上正しいものはどれか.
イ．冷媒設備に設けた安全弁に付帯して設けた止め弁は，その設備を長期に運転停止する場合には，安全弁の誤作動防止のため，常に閉止しておかなければならない.
ロ．ほかの製造設備とブラインを共通にする認定指定設備を使用する高圧ガスの製造は，認定指定設備には自動制御装置が設けられているので，1か月に1回その認定指定設備の異常の有無を点検して行うことと定められている.
ハ．冷媒設備を開放して修理又は清掃をするとき，冷媒ガスが不活性ガスである場合，その作業の責任者の監視の下で行えば，その作業計画を定めなくてもよい.
ニ．冷媒設備の圧縮機を開放して修理するとき，開放する部分にほかの部分からガスが漏えいすることを防止するための措置を講じて行った.
ホ．冷媒設備の修理又は清掃は，冷凍保安責任者の監督の下に行うこととしたので，あらかじめ作業計画を定めなかった.

●解説●

イ…誤

　安全弁に付帯して設けた止め弁は，長期に運転停止する場合であっても閉止してはならない.

ロ…誤

　認定指定設備，自動制御装置等に関係なく，1日に1回以上その製造設備に属する製造施設の異常の有無を点検しなければならない.

ハ…誤

　冷媒設備の修理等をするときは，冷媒ガスの種類に関係なく，その作業計画に従い，かつ，その責任者の監視の下に行う，又は異常があったときは直ちに責任者に通報するための措置を講じて行うことになっている.

ニ…正

　冷媒設備を開放して修理等をするときは，開放部分にほかの部分からガスが漏えいすることを防止する措置を講ずること定められている.

ホ…誤

　冷媒設備の修理等をするときは，あらかじめ，修理等の作業計画及びその作業の責任者を定めなければならない.

実践問題（16）

問　次のイ，ロ，ハの記述のうち，第一種製造者の製造の方法に係る技術上の基準について冷凍保安規則上正しいものはどれか．
　　最も適切な答えを（1），（2），（3），（4），（5）の選択肢の中から1個選びなさい．

イ．冷媒設備の修理又は清掃を行うときは，あらかじめ，その修理又は清掃の作業計画及びその作業の責任者を定め，修理又は清掃はその作業計画に従うとともにその作業の責任者の監視の下で行うか，又は異常があったときに直ちにその旨をその責任者に通報するための措置を講じて行わなければならない．

ロ．冷媒設備に設けた安全弁に付帯して設けた止め弁は，その安全弁の修理又は清掃のため特に必要な場合を除き，常に全開しておかなければならない．

ハ．ほかの製造設備とブラインを共通にする認定指定設備を使用する高圧ガスの製造は，認定指定設備には自動制御装置が設けられているので，1か月に1回その認定指定設備の異常の有無を点検して行うことと定められている．

　　（1）イ　　（2）ハ　　（3）イ，ロ　　（4）ロ，ハ　　（5）イ，ロ，ハ

〈解説〉
イ…正
　「修理等をするときは，あらかじめ，修理等の作業計画及び当該作業の責任者を定め，修理等は，当該作業計画に従い，かつ，当該責任者の監視の下に行うこと又は異常があったときに直ちにその旨を当該責任者に通報するための措置を講じて行うこと．」と定められている．なお，修理等とは，修理又は清掃をいう．

ロ…正
　「安全弁に付帯して設けた止め弁は，常に全開しておくこと．ただし，安全弁の修理等のため特に必要な場合は，この限りでない．」と定められている．

ハ…誤
　「高圧ガスの製造は，製造する高圧ガスの種類及び製造設備の態様に応じ，1日に1回以上その製造設備の属する製造施設の異常の有無を点検し，異常のあるときは，その設備の補修その他の危険を防止する措置を講じてすること．」と定められている．特に認定指定設備について1か月に1回以上とする規定はない．

正解　（3）イ，ロ

実践問題（17）

問　次のイ，ロ，ハの記述のうち，第一種製造者の製造の方法について冷凍保安規則上正しいものはどれか．
　最も適切な答えを（1），（2），（3），（4），（5）の選択肢の中から1個選びなさい．

イ．冷媒設備を開放して修理又は清掃をするとき，冷媒ガスが不活性ガスである場合，その作業の責任者の監視の下で行えば，その作業計画を定めなくてもよい．
ロ．冷媒設備を開放して修理又は清掃をするとき，その冷媒ガスが不活性のものである場合は，その開放する部分にほかの部分からガスが漏えいすることを防止するための措置を講じないで行うことができる．
ハ．冷媒設備に設けた安全弁に付帯して設けた止め弁は，常に全開しておかなければならないが，その安全弁の修理又は清掃のため必要な場合に限り閉止してよい．

(1) イ　(2) ハ　(3) イ, ハ　(4) ロ, ハ　(5) イ, ロ, ハ

〈解説〉
イ…誤
　「修理等をするときは，あらかじめ，修理等の作業計画及び当該作業の責任者を定め，修理等は，当該作業計画に従い，かつ，当該責任者の監視の下に行うこと又は異常があったときに直ちにその旨を当該責任者に通報するための措置を講じて行うこと．」定められている．特に冷媒ガスが不活性ガスである場合の除外規定はない．

ロ…誤
　「冷媒設備を開放して修理等をするときは，当該冷媒設備のうち開放する部分に他の部分からガスが漏えいすることを防止するための措置を講ずること．」と定められている．特に冷媒ガスが不活性のものである場合の例外規定はなく，冷媒ガスの種類に関係なく定められている．

ハ…正
　「安全弁に付帯して設けた止め弁は，常に全開しておくこと．ただし，安全弁の修理又は清掃のため特に必要な場合は，この限りでない．」と定められている．ただし書きに安全弁の修理又は清掃のため必要な場合に限り閉止してよいとなっていることに注意が必要である．

正解　(2) ハ

2-8 貯　蔵

> **要点整理**

○ 高圧ガスの貯蔵
- 貯蔵に係わる技術上の基準に従う．
- **0.15 m³** 以下の圧縮ガス，**1.5 kg** 以下の液化ガスについては，貯蔵の規制は受けない．

○ 容器による貯蔵の方法に係る技術上の基準
- 可燃性ガス又は毒性ガスの充てん容器等の貯蔵は，通風の良い場所でする．
- 充てん容器及び残ガス容器にそれぞれ区分して容器置場に置く．
- 可燃性ガス，毒性ガス及び酸素の充てん容器等は，それぞれ区分して容器置場に置く．
- 容器置場には，計量器等作業に必要な物以外の物を置かない．
- 容器置場（不活性ガス及び空気を除く）の周囲 **2m** 以内においては，火気の使用を禁じ，かつ，引火性又は発火性の物を置かない．
- 充てん容器等（内容積が **5ℓ** 以下のものを除く）には，転落，転倒等による衝撃及びバルブの損傷を防止する措置を講じ，かつ，粗暴な取扱いをしない．
- 第一種貯蔵所又は第二種貯蔵所以外の場所では，特に定められた場合を除き，船，車両若しくは鉄道車両に固定し，又は積載した容器により貯蔵しない．

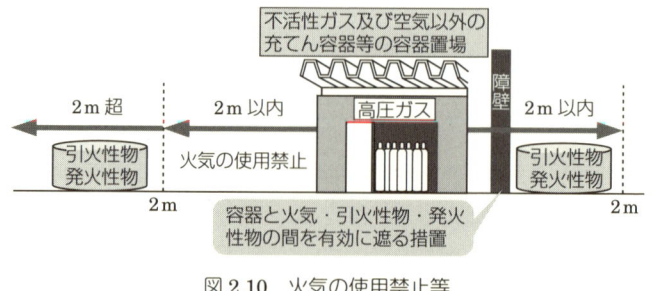

図 2.10　火気の使用禁止等

1. 高圧ガスの貯蔵（法第15条）

(1) 高圧ガスの貯蔵は省令（冷凍則第20条）で定める技術上の基準に従ってしなければならない．ただし，第一種製造者が許可を受けたところに従って貯蔵する高圧ガス又は省令（一般則第19条）で定める容積以下の高圧ガスについては，この限りではない．

(2) 都道府県知事は，貯蔵所の所有者又は占有者が貯蔵の技術上の基準に適合していないときは，その技術上の基準に従って高圧ガスを貯蔵すべきことを命ずることができる．

・高圧ガスの貯蔵は，そのガスの種類にかかわらず $0.15\,m^3$ 又は $1.5\,kg$ を超える数量の高圧ガスを貯蔵する場合は，貯蔵の方法に係る技術上の基準に従ってしなければならない．

2. 貯蔵の規制を受けない容積（一般則第19条）

① 法第15条第1項ただし書の省令で定める容積は，**$0.15\,m^3$** とする．

② 前項の場合において，貯蔵する高圧ガスが液化ガスであるときは，**質量 $10\,kg$** をもって**容積 $1\,m^3$** とみなす．

液化ガスは $1.5\,[kg]$ 以下

容積	ガス質量
$1\,[m^3]$	= $10\,[kg]$
$0.15\,[m^3]$	→ $1.5\,[kg]$

液化ガス $10\,[kg]$ をもって，容積 $1\,[m^3]$ とみなす

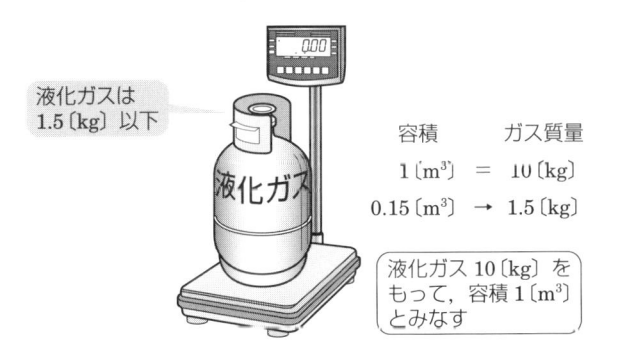

図2.11　貯蔵の規制を受けない液化ガスの質量

3. 貯蔵の方法に係る技術上の基準（冷凍則第20条，第27条）

冷凍設備には**転落，転倒**等による**衝撃を防止する措置**を講じ，かつ，**粗暴な取扱い**をしないこと．

・液化アンモニアは可燃性ガスであり，毒性ガスである．

4. 容器による貯蔵の方法に係る技術上の基準（一般則第18条抜粋）

容器により貯蔵する場合は，次の基準に適合しなければならない（高圧ガスを燃料として使用する車両に固定した燃料装置用容器を除く）．

(1) 可燃性ガス又は毒性ガスの充てん容器等（充てん容器及び残ガス容器）の貯蔵は，**通風の良い場所**であること．

(2) 容器置場及び充てん容器等は，次に掲げる基準に適合すること．（一般則第6条第2項第8号）

① 充てん容器等は，**充てん容器及び残ガス容器**にそれぞれ**区分**して容器置場に置くこと．

② 可燃性ガス，毒性ガス及び酸素の充てん容器等は，それぞれ**区分**して容器置場に置くこと．

③ 容器置場には，**計量器等作業に必要な物以外の物**を置かないこと．

④ 容器置場（不活性ガス及び空気を除く）の周囲**2m以内**においては，火気の使用を禁じ，かつ，引火性又は発火性の物を置かないこと．ただし，容器と火気又は引火性若しくは発火性の物の間を有効に遮る措置を講じた場合は，この限りでない．

⑤ 超低温容器以外の充てん容器等は，常に**温度40℃以下**に保つこと．

⑥ 充てん容器等（内容積が5ℓ以下のものを除く）には，転落，転倒等による衝撃及びバルブの損傷を防止する措置を講じ，かつ，粗暴な取扱いをしないこと．

⑦ 可燃性ガスの容器置場には，携帯電燈以外の燈火を携えて立ち入らないこと．

(3) 第一種貯蔵所又は第二種貯蔵所以外の場所で，**貯蔵は，船，車両若しくは鉄道車両に固定し，又は積載した容器によりしないこと**．ただし，消火の用に供する不活性ガス及び消防自動車，救急自動車等で緊急時に使用する高圧ガスを充てんしてあるものを除く．

(4) 一般複合容器等であって当該容器の刻印等において示された年月から 15 年を経過したものを高圧ガスの貯蔵に使用しないこと．

5. 貯蔵所（法第 16 条，法第 17 条の 2）

(1) 貯蔵容量 300 m^3 以上の高圧ガスを貯蔵する場合は，都道府県知事に届け出て設置する貯蔵所（第二種貯蔵所）でなければならない．

(2) 3 000 m^3 以上の第一種ガス（第一種ガス以外：1 000 m^3 以上）の高圧ガスを貯蔵する場合は，都道府県知事の許可を受けた貯蔵所（第一種貯蔵所）でなければならない．

第一種ガス
・ヘリウム・ネオン・アルゴン・キセノン・クリプトン・ラドン・窒素・二酸化炭素・フルオロカーボン（可燃性を除く）・空気

・第一種製造者が許可を受けた所に貯蔵する場合は許可の必要はない．

表 2.3　貯蔵所

名　称		第一種貯蔵所	第二種貯蔵所	貯　蔵
貯蔵量	第一種ガスのみの場合	3 000 m^3 以上	300 m^3〜3 000 m^3	0.15 m^3 を超え 300 m^3 未満
	第一種ガス以外の場合	1 000 m^3 以上	300 m^3〜3 000 m^3	
許可及び届出の種類		貯蔵所の許可	貯蔵所の届出	なし
検　査		完成検査	なし	なし

第一種ガス
　ヘリウム，ネオン，アルゴン，クリプトン，キセノン，ラドン，窒素，二酸化炭素（炭酸ガス），フルオロカーボン（可燃性のものを除く），空気

コラム

[第一種製造者，第二種製造者に係わる法の適用区分]

表 2.4

貯蔵量	第二種製造所			第一種製造所		
	300 m^3 未満	第二種貯蔵所	第一種貯蔵所	300 m^3 未満	第二種貯蔵所	第一種貯蔵所
製造許可	○	○	○			
製造届出				○	○	○
貯蔵許可						
貯蔵届出					○	
完成検査	○	○	○			○
保安検査	○	○	○			

チェック1 ☑

冷凍のため高圧ガスの製造をする事業所における冷媒ガスの補充用としての容器による高圧ガス（質量が1.5kgを超えるもの）の貯蔵に係る技術上の基準について，一般高圧ガス保安規則上正しいものはどれか．

イ．一般高圧ガス保安規則に定められている高圧ガスの貯蔵の方法に係る技術上の基準に従うべき高圧ガスは，可燃性ガス及び毒性ガスの2種類のみである．

ロ．液化フルオロカーボンの充てん容器と残ガス容器は，それぞれ区分して容器置場に置く必要はない．

ハ．液化アンモニアの充てん容器及び残ガス容器は，常に温度40℃以下に保たなければならない．

ニ．液化アンモニアの充てん容器等を置く容器置場の周囲2m以内においては，火気の使用及び引火性又は発火性の物を置くことが禁じられているが，容器と火気又は引火性若しくは発火性の物の間を有効に遮る措置を講じた場合は，この限りでない．

ホ．充てん容器を車両に積載した状態で貯蔵することは，特に定められた場合を除き，禁じられている．

ヘ．充てん容器及び残ガス容器であって，それぞれ内容積が5ℓを超えるものには，転落，転倒等による衝撃及びバルブの損傷を防止するための措置を講じ，かつ，粗暴な取扱いをしてはならない．

● 解説 ●

イ…誤

　高圧ガスの貯蔵は，そのガスの種類にかかわらず$0.15m^3$を超える圧縮ガス，1.5kgを超える液化ガスの貯蔵するときは，貯蔵の方法に係る技術上の基準に従って貯蔵しなければならない．

ロ…誤

　特に液化フルオロカーボンの充てん容器についての除外規定はない．

ハ…正　記述のとおり．

ニ…正　記述のとおり．

ホ…正　記述のとおり．

ヘ…正　記述のとおり．

チェック2 ☑

冷凍のため高圧ガスの製造をする事業所における冷媒ガスの補充用としての容器による高圧ガス（質量が1.5kgを超えるもの）の貯蔵に係る技術上の基準について一般高圧ガス保安規則上正しいものはどれか．

イ．冷凍のため高圧ガスの製造をする事業所における冷媒ガスの補充用として，質量10kgの液化フルオロカーボン410Aを容器により貯蔵するときは，貯蔵の方法に係る技術上の基準に従って貯蔵しなければならない．

ロ．可燃性ガス又は毒性ガスの充てん容器等の貯蔵は，通風のよい場所でしなければならない．

ハ．充てん容器及び残ガス容器（それぞれ内容積が5ℓを超えるもの）には，転落，転倒等による衝撃及びバルブの損傷を防止する措置を講じなければならない．

ニ．液化アンモニアを充てんした容器を貯蔵する場合，その容器は常に温度40℃以下に保たなければならないが，液化フルオロカーボン134aを充てんした容器は，常に温度40℃以下に保つべき定めはない．

ホ．液化アンモニアの充てん容器を車両に積載して貯蔵することは，特に定められた場合を除き禁じられているが，不活性ガスのフルオロカーボンの充てん容器を車両に積載して貯蔵することは，いかなる場合であっても禁じられていない．

●解説●

イ…正　記述のとおり．

ロ…正　記述のとおり．

ハ…正　記述のとおり．

ニ…誤

　特に不活性のフルオロカーボンの充てん容器についての除外規定はない．

ホ…誤

　充てん容器などの貯蔵は，特に消火用に供する不活性ガス及び消防自動車等で緊急時に使用する高圧ガスを充てんしてあるものを除いては，車両に積載した容器により貯蔵してはならないと定められている．特にフルオロカーボンの充てん容器についての除外規定はない．

実践問題 (18)

問　次のイ，ロ，ハの記述のうち，冷凍のため高圧ガスの製造をする事業所における冷媒ガスの補充用としての容器による高圧ガス（質量が 1.5 kg を超えるもの）の貯蔵に係る技術上の基準について一般高圧ガス保安規則上正しいものはどれか．
　最も適切な答えを (1)，(2)，(3)，(4)，(5) の選択肢の中から 1 個選びなさい．

イ．充てん容器及び残ガス容器であって，それぞれ内容積が 5ℓ を超えるものには，転落，転倒等による衝撃及びバルブの損傷を防止するための措置を講じ，かつ，粗暴な取扱いをしてはならない．

ロ．液化フルオロカーボンの充てん容器と残ガス容器は，それぞれ区分して容器置場に置く必要はない．

ハ．液化アンモニアの充てん容器を車両に積載して貯蔵することは，特に定められた場合を除き禁じられているが，不活性ガスのフルオロカーボンの充てん容器を車両に積載して貯蔵することは，いかなる場合であっても禁じられていない．

　(1) イ　(2) ロ　(3) イ，ハ　(4) ロ，ハ　(5) イ，ロ，ハ

〈解説〉

イ…正

　「充てん容器等（内容積が 5ℓ 以下のものを除く）には，転落，転倒等による衝撃及びバルブの損傷を防止する措置を講じ，かつ，粗暴な取扱いをしないこと」と定められている．

ロ…誤

　「充てん容器等は，充てん容器及び残ガス容器にそれぞれ区分して容器置場に置くこと．」と定められている．特に液化フルオロカーボンの充てん容器についての除外規定はない．

ハ…誤

　「貯蔵は，船，車両若しくは鉄道車両に固定し，又は積載した容器（消火の用に供する不活性ガス及び消防自動車，救急自動車，救助工作車その他緊急事態が発生した場合に使用する車両に搭載した緊急時に使用する高圧ガスを充てんしてあるものを除く）によりしないこと．」と定められている．特にフルオロカーボンの充てん容器についての除外規定はない．

正解　(1) イ

実践問題（19）

問　次のイ，ロ，ハの記述のうち，冷凍のため高圧ガスの製造をする事業所における冷媒ガスの補充用としての高圧ガスの貯蔵（容積が $0.15\,\text{m}^3$ を超えるもの）について一般高圧ガス保安規則上正しいものはどれか．
　最も適切な答えを (1)，(2)，(3)，(4)，(5) の選択肢の中から 1 個選びなさい．

イ．充てん容器を車両に積載した状態で貯蔵することは，特に定められた場合を除き，禁じられている．

ロ．液化アンモニアを充てんした容器を貯蔵する場合，その容器は常に温度 40℃ 以下に保たなければならないが，液化フルオロカーボン 134a を充てんした容器は，常に温度 40℃ 以下に保つべき定めはない．

ハ．充てん容器及び残ガス容器を置く容器置場の容器と火気又は引火性若しくは発火性の物の間を有効に遮る措置を講じない場合，容器置場の周囲 2m 以内において火気の使用及び引火性又は発火性の物を置くことは禁じられている．

(1) イ　(2) ロ　(3) イ，ハ　(4) ロ，ハ　(5) イ，ロ，ハ

〈解説〉

イ…正
　充てん容器を車両に積載した状態で貯蔵することは，特に消火用に供する不活性ガス及び消防自動車等で緊急時に使用する高圧ガスを充てんしてあるものを除いて，禁じられている．

ロ…誤
　「充てん容器等は，常に温度 40℃（超低温容器又は低温容器にあっては，容器内のガスの常用の温度のうち最高のもの）以下に保つこと．」と定められている．
　特に不活性のフルオロカーボンの充てん容器についての除外規定はない．

ハ…正
　「容器置場（不活性ガス及び空気のものを除く）の周囲 2m 以内においては，火気の使用を禁じ，かつ，引火性又は発火性の物を置かないこと．ただし，容器と火気又は引火性若しくは発火性の物の間を有効に遮る措置を講じた場合は，この限りでない．」と定められている．

正解 (3) イ，ハ

実践問題（20）

問　次のイ，ロ，ハの記述のうち，この事業所の製造施設の冷媒ガスの補充用としての容器による液化アンモニア（質量 50kg のもの）の貯蔵に係る技術上の基準について一般高圧ガス保安規則上正しいものはどれか．
　最も適切な答えを (1)，(2)，(3)，(4)，(5) の選択肢の中から 1 個選びなさい．

イ．残ガス容器には，転落，転倒等による衝撃及びバルブの損傷を防止するための措置を講じる必要はない．
ロ．車両に固定した容器により高圧ガスを貯蔵することは禁じられているが，車両に積載した容器により高圧ガスを貯蔵することはいかなる場合でも禁じられていない．
ハ．充てん容器及び残ガス容器の貯蔵は，通風の良い場所でしなければならない．

(1) ロ　(2) イ，ロ　(3) ハ　(4) ロ，ハ　(5) イ，ロ，ハ

〈解説〉
イ…誤
　「充てん容器等（内容積が 5ℓ 以下のものを除く）には，転落，転倒等による衝撃及びバルブの損傷を防止する措置を講じ，かつ，粗暴な取扱いをしないこと．」と定められている．なお，充てん容器等とは充てん容器及び残ガス容器をいう．
ロ…誤
　「貯蔵は，船，車両若しくは鉄道車両に固定し，又は積載した容器（消火の用に供する不活性ガス及び消防自動車，救急自動車，救助工作車その他緊急事態が発生した場合に使用する車両に搭載した緊急時に使用する高圧ガスを充てんしてあるものを除く）によりしないこと．」と定められている．したがって，車両に積載した容器により高圧ガスを貯蔵することは，消火の用に供する不活性ガス及び消防自動車，救急自動車，救助工作車その他緊急事態が発生した場合に使用する車両に搭載した緊急時に使用する高圧ガスを充てんしてあるものを除いて**禁じられている**．
ハ…正
　「可燃性ガス又は毒性ガスの充てん容器等の貯蔵は，通風の良い場所であること．」と定められている．

正解　(3) ハ

2-9 高圧ガスの販売・輸入及び消費

要点整理

○ 高圧ガスの販売
- 販売事業の届出…販売所ごとに，事業開始の 20 日前までに，都道府県知事に届け出る．
- 販売の方法…販売業者等に係る技術上の基準に従う

○ 高圧ガスの輸入
- 都道府県知事が行う輸入検査を受ける．

```
高圧ガスの輸入（陸揚げ） → 輸入検査申請 → [陸揚地を管轄する都道府県知事等（指定輸入検査機関，高圧ガス保安協会を含む．）] → 輸入検査 → 輸入検査技術基準に適合 → 移動可
                                          [指定輸入検査機関又は高圧ガス保安協会の場合は，陸揚地を管轄する都道府県知事に受検届の提出]
```

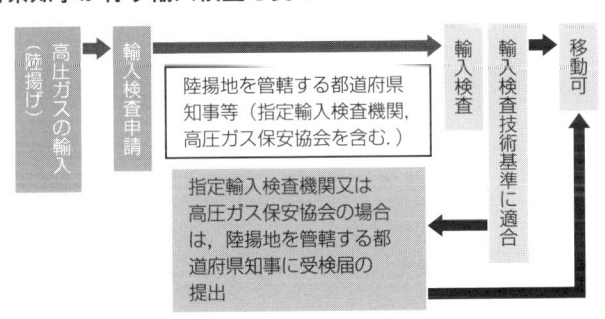

図 2.12　高圧ガスの輸入者が受ける規制

○ 特定高圧ガスの消費
- 事業所ごとに，消費開始の日の 20 日前までに，都道府県知事に届け出る．
- 特定高圧ガスの消費者に係る技術上の基準に従う．
- 消費に係る技術上の基準に従うべき高圧ガスは，特定高圧ガス以外の高圧ガスのうち，**可燃性ガス**，**毒性ガス**，**酸素及び空気**である．

1. 高圧ガスの販売（法第 20 条の 4）

(1) 販売事業の届出

高圧ガスの販売の事業を営もうとする者は，**販売所ごとに，事業開始の 20 日前までに**，所定の書面を添えて，**都道府県知事に届け出**なければならない．ただし，次に掲げる場合は除く．

① 第一種製造者が事業所内で販売するとき．

・販売事業
　営利の目的を持って，継続的，反復的に行うこと．

② 医療用の圧縮酸素等を販売するもので，貯蔵数量が常時容積 5 m³ 未満の販売所で販売するとき．

(2) 販売の方法（法第 20 条の 6）

販売業者等は，次の販売業者等に係る技術上の基準に従って，高圧ガスの販売をしなければならない．

2. 高圧ガスの輸入（法第 22 条）

高圧ガスの輸入をした者は，輸入をした**高圧ガス及びその容器**につき，**都道府県知事**が行う**輸入検査**を受け，輸入検査技術基準に適合していると認められた後でなければ，これを移動してはならない．

3. 消費（法第 24 条の 2）

・高圧ガスの消費
　高圧ガスを減圧，燃焼，反応，溶解等により廃棄以外の一定の目的のために使用すること．

(1) **特定高圧ガス消費者**は，事業所ごとに，消費開始の日の **20 日前**までに，所定の書面を添えて，その旨を**都道府県知事に届け出**なければならない．

(2) **特定高圧ガス**とは，**表 2.6** に掲げる種類の高圧ガスで，その貯蔵設備の貯蔵能力が表の数量以上であるものである．

表 2.5　特定高圧ガス

種　類	数　量
特殊高圧ガス（アルシン，ジシラン，ジボラン，セレン化水素，ホスフィン，モノゲルマン，モノシラン）	0 〔m³〕以上（容量を問わず 1 本でも貯蔵し，消費すると該当）
圧縮水素，圧縮天然ガス	300 〔m³〕以上
液化酸素，液化アンモニア，液化石油ガス	3 000 〔kg〕以上
液化塩素ガス	1 000 〔kg〕以上

・特殊高圧ガスを消費する場合は，貯蔵数量に関係なく，全てが「特定高圧ガス消費者」となる．

(3) 特定高圧ガス消費者は，消費に係る技術上の基準に従って特定高圧ガスの消費をしなければならない．

(4) 特定高圧ガス以外の高圧ガスのうち，特に届出の必要はないが，消費に係る技術上の基準に従うべき高圧ガスは，**可燃性ガス**（高圧ガスを燃料として使用する車両において，当該車両の燃料の用のみに消費される高圧ガスを除く），**毒性ガス，酸素及び空気**である．（一般則第 59 条）

チェック☑

次の記述のうち，正しいものはどれか．
イ．容器に充てんされた冷媒ガス用の高圧ガスの販売の事業を営もうとする者（定められたものを除く）は，販売所ごとに事業開始の日の20日前までにその旨を都道府県知事に届け出なければならない．
ロ．高圧ガスの販売の事業を営もうとする者は，事業所ごとに事業の開始後，遅滞なく，その旨を都道府県知事に届け出なければならない．
ハ．高圧ガスの販売の事業を営もうとする者は，その高圧ガスの販売について販売所ごとに都道府県知事の許可を受けなければならない．
ニ．容器に充てんされた高圧ガスの輸入検査において，その検査対象は輸入した高圧ガス及びその容器である．
ホ．特定高圧ガス以外の高圧ガスのうち消費の技術上の基準に従うべき高圧ガスは，可燃性ガス（高圧ガスを燃料として使用する車両において，当該車両の燃料の用のみに消費される高圧ガスを除く），毒性ガス，酸素及び空気である．

● 解説 ●

イ…正　記述のとおり．

ロ…誤

　高圧ガスの販売の事業を営もうとする者は，特に定められた場合を除き，販売所ごとに事業開始の日の20日前までに，その旨を都道府県知事に届け出なければならない．

ハ…誤

　高圧ガスの販売の事業を営もうとする者は，特に定められた場合を除き，その高圧ガスの販売について販売所ごとに，事業開始の日の20日前までにその旨を都道府県知事に届け出ればよく，許可を受ける必要はない．

ニ…正　記述のとおり．

ホ…正　記述のとおり．

実践問題（21）

問　次のイ，ロ，ハの記述のうち，正しいものはどれか．
　最も適切な答えを（1），（2），（3），（4），（5）の選択肢の中から1個選びなさい．

イ．容器に充てんされた高圧ガスの輸入検査において，その検査対象は輸入した高圧ガス及び容器である．
ロ．第一種製造者は，その製造をする高圧ガスの種類を変更しようとするときは都道府県知事の許可を受ける必要はないが，軽微な変更として変更後遅滞なく，その旨を都道府県知事に届け出なければならない．
ハ．容器に充てんされた冷媒ガス用の高圧ガスの販売の事業を営もうとする者（定められたものを除く）は，販売所ごとに事業開始の日の20日前までにその旨を都道府県知事に届け出なければならない．

（1）イ　（2）ハ　（3）イ，ロ　（4）イ，ハ　（5）イ，ロ，ハ

〈解説〉
イ…正
　「高圧ガスの輸入をした者は，輸入をした高圧ガス及びその容器につき，都道府県知事が行う輸入検査を受け，これらが輸入検査技術基準に適合していると認められた後でなければ，これを移動してはならない．」と定められている．
ロ…誤
　「第一種製造者は，製造のための施設の位置，構造若しくは設備の変更の工事をし，又は製造をする高圧ガスの種類若しくは製造の方法を変更しようとするときは，都道府県知事の許可を受けなければならない．ただし，製造のための施設の位置，構造又は設備について経済産業省令で定める軽微な変更の工事をしようとするときは，この限りでない．」と定められている．軽微な変更工事は，製造のための施設の位置，構造又は設備に関してであることに注意する．
ハ…正
　高圧ガスの販売の事業を営もうとする者は，特に定められた場合を除き，販売所ごとに，事業開始の日の20日前までに，販売をする高圧ガスの種類を記載した書面その他省令で定める書類を添えて，その旨を都道府県知事に届け出なければならないと定められている．

正解　（4）イ，ハ

2-10 高圧ガスの移動

> **要点整理**

○ 移動
- 高圧ガスを移動には，**容器**について，所定の**保安上必要な措置**を講じる．
- **車両により高圧ガスを移動**には，その**積載方法及び移動方法**について移動に係る**技術上の基準**に従う．

○ その他の場合における移動に係る技術上の基準等
- 高圧ガス移動の明示：警戒標の掲示．
- 圧力上昇防止：容器温度は 40℃以下に保つ．
- 転落，転倒等によるガス漏えい防止：充てん容器等には，転落，転倒等による衝撃及びバルブの損傷を防止する措置かつ粗暴な取扱いをしない．
- 危険度の高い**毒性ガスの転落**，**転倒等によるガス漏えい防止**：毒性ガスの充てん容器等には，木枠又はパッキンを施す．
- 緊急時対策
    - **可燃性ガス**，**酸素**を移動するときは，消火設備，災害発生防止のための応急措置及び工具等を携行する．
    - **毒性ガスの移動**は，防毒マスク，手袋等の保護具並びに災害発生防止のための応急措置に必要な資材，薬剤，工具等を携行する．
- 災害発生時に講じる応急措置：**可燃性ガス**，**毒性ガス**，**酸素**を移動するときは，高圧ガスの名称，性状及び移動中の災害防止のために必要な注意事項を記載した書面を運転者に交付し，移動中携帯させ，これを遵守させる．

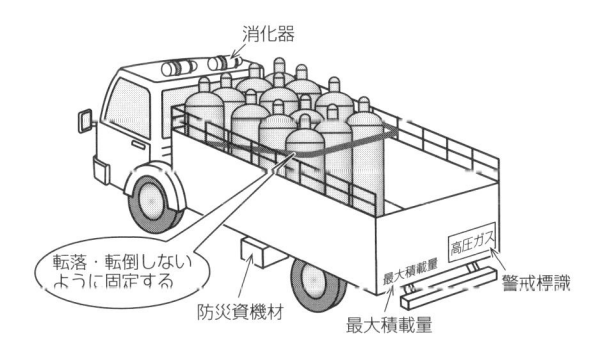

図 2.13　容器配送車

[2-10 高圧ガスの移動] 89

・高圧ガスを充てんした容器の移動には,「タンクローリ等の場合」「バラ積容器等の場合」がある.

1. 移動 （法第 23 条）

(1) 高圧ガスを移動するには，その**容器**について，所定の**保安上必要な措置**を講じなければならない．

(2) 車両により高圧ガスを移動するには，その**積載方法及び移動方法**について所定の**技術上の基準**に従って行われなければならない．

2. その他の場合における移動に係る技術上の基準等（一般則第50条）

トラック等によるバラ積み容器等その他の場合による移動は，次の技術上の基準に従って行われなければならない．

・警戒標は, 車両の前部及び後部の見やすい場所に掲げること.

① 車両の見やすい箇所に**警戒標**を掲げること．
　　ただし，次のものは除く．
　・毒性ガスを除く容器の内容積が **20ℓ以下**の充てん容器等のみを搭載した車両（積載容器の内容積の合計が **40ℓ以下**）
　・消防自動車等の特定車両．

・充てん容器等
　充てん容器及び残ガス容器をいう.

② 充てん容器等の温度を常に **40℃以下**に保つこと．

③ 内容積が **5ℓ以下**のものを除き，充てん容器等には，転落，転倒等による**衝撃**及び**バルブの損傷**を防止する措置を講じ，かつ**粗暴な取扱い**をしないこと．

④ 可燃性ガスの充てん容器等と酸素の充てん容器等とを同一の車両に積載して移動するときは，充てん容器等のバルブが相互に向き合わないようにすること．

⑤ **毒性ガス**の充てん容器等には，**木枠**又は**パッキン**を施すこと．

⑥ **可燃性ガス**又は**酸素**を移動するときは，**消火設備**並びに災害発生防止のための**応急措置**に必要な資材，工具等を携行すること．

　　ただし，容器の内容積が **20ℓ以下**の充てん容器等のみを搭載した車両で，積載容器の内容積の合計が **40ℓ以下**を除く．

⑦ 毒性ガスを移動するときは，毒性ガスの種類に応じた**防毒マスク，手袋**その他の**保護具**並びに災害発生のため**応急措置に必要な資材，薬剤，工具等を携行**すること．

⑧ **可燃性ガス，毒性ガス又は酸素の高圧ガスを移動する**ときは，高圧ガスの名称，性状及び移動中の災害防止のために必要な**注意事項を記載した書面（イエローカード）**を運転者に交付し，移動中携帯させ，これを遵守させること．

ただし，**毒性ガスを除いて**内容積**20ℓ以下**で移動時の注意事項を示したラベルが貼付されている容器のみを積載し，その容器の内容積の合計が**40ℓ以下**を除く．

・イエローカードを運転者に交付し，移動中携帯させ，これを遵守させなければならない高圧ガスの種類は，可燃性ガス，毒性ガス及び酸素に限られる．

コラム

[車両に固定した容器による移動に係る技術上の基準等]（一般則第49条）

タンクローリ等の車両に固定した容器による移動は，次の技術上の基準に従って行われなければならない．

① 車両の見やすい箇所に警戒標を掲げること．
② 充てん容器等は，その温度を常に40℃以下に保つこと．
③ 液化ガスの充てん容器等には，容器の内部に液面揺動を防止するための防波板を設けること．
④ 後部取出し式容器には，容器元弁及び緊急遮断装置に係るバルブと車両の後バンパの後面との水平距離が40cm以上であること．
⑤ 後部取出し式容器以外の容器では，容器の後面と車両の後バンパの後面との水平距離が30cm以上となるように容器が車両に固定されていること．
⑥ 容器元弁，緊急遮断装置のバルブその他の主要な附属品が突出した容器には，附属品を車両の右側面以外に設けた堅固な操作箱の中に収納すること．
⑦ 液化ガスのうち，可燃性ガス，毒性ガス又は酸素の充てん容器等には，ガラス等損傷しやすい材料を用いた液面計を使用しないこと．
⑧ 容器に設けたバルブ又はコックには，開閉方向及び開閉状態を外部から容易に識別するための措置を講ずること．
⑨ **可燃性ガス，毒性ガス又は酸素**の高圧ガスを移動するときは，当該高圧ガスの名称，性状及び移動中の災害防止のために必要な注意事項を記載した**書面（イエローカード）を運転者に交付**し，**移動中携帯**させ，これを遵守させること．

チェック1 ✓

冷凍設備の冷媒ガスの補充用の高圧ガスを車両に積載した容器（高圧ガスを充てんするためのもの）により移動する場合について一般高圧ガス保安規則上正しいものはどれか．

イ．一般高圧ガス保安規則に定められている高圧ガスの移動に係る技術上の基準等に従うべき高圧ガスは，可燃性ガス及び毒性ガスの2種類のみである．

ロ．高圧ガスを移動するとき，その車両の見やすい箇所に警戒標を掲げなければならないのは，可燃性ガス，毒性ガス及び酸素の3種類のみの場合である．

ハ．質量50 kgの液化アンモニアの充てん容器は，その内容積が5ℓを超えているので，転落，転倒等による衝撃及びバルブの損傷を防止するための措置を講じ，かつ，粗暴な取扱いをしてはならない．

ニ．質量50 kgの液化アンモニアの充てん容器2本を移動するときは，消火設備及び保護具を携行しなくてもよい．

ホ．移動する液化アンモニアの質量の多少にかかわらず，ガスの名称，性状及び移動中の災害防止のために必要な注意事項を記載した書面を運転者に交付し，移動中携帯させ，これを遵守させなければならない．

● 解説 ●

イ…誤

　高圧ガスの種類に関係なく，高圧ガスの移動に係る技術上の基準等に従わなければならない．

ロ…誤

　充てん容器等を車両に積載して移動するときは，特に定められた積載容器の内容積及び車両を除いては，高圧ガスの種類に関係なく，その車両の見やすい箇所に警戒票を掲げなければならない．

ハ…正　記述のとおり．

ニ…誤

　液化アンモニアは，可燃性ガスであり毒性ガスである．可燃性ガスは，消火設備や災害発生防止のための応急措置に必要な資材，工具を携行しなければならない．又，毒性ガスは，防毒マスクや保護具等を携行しなければならない．なお，積載数量も適用除外の数量に該当していない．

ホ…正　記述のとおり．

チェック2 ☑

車両に積載した容器（内容積が118ℓのもの）による液化アンモニアの移動に係る技術上の基準等について一般高圧ガス保安規則上正しいものはどれか．

イ．充てん容器及び残ガス容器には，転落，転倒等による衝撃及びバルブの損傷を防止する措置を講じ，かつ，粗暴な取扱いをしてはならない．

ロ．充てん容器及び残ガス容器には，木枠又はパッキンを施さなければならない．

ハ．移動するときは，消火設備並びに災害発生防止のための応急措置に必要な資材及び工具等を携行しなければならない．

ニ．防毒マスク，手袋その他の保護具並びに災害発生防止のための応急措置に必要な資材，薬剤及び工具等のほか，消火設備を携行しなければならない．

ホ．移動するときは，消火設備並びに災害発生防止のための応急措置に必要な資材及び工具等を携行するほかに，防毒マスク，手袋その他の保護具並びに災害発生防止のための応急措置に必要な資材，薬剤及び工具等も携行しなければならない．

ヘ．ガスの名称，性状及び移動中の災害防止のために必要な注意事項を記載した書面を運転者に交付し，移動中携帯させ，これを遵守させなければならない．

ト．移動するとき，その高圧ガスの名称，性状及び移動中の災害防止のために必要な注意事項を記載した書面を運転者に交付し，移動中携帯させ，これを遵守させなければならないのは，移動する液化アンモニアの質量が3 000 kg以上の場合に限られる．

●解説●

イ…正　記述のとおり．

ロ…正　記述のとおり．

ハ…正　記述のとおり．

ニ…正　記述のとおり．

ホ…正　記述のとおり．

ヘ…正　記述のとおり．

ト…誤

　可燃性ガス，毒性ガス又は酸素の高圧ガスを移動するときは，イエローカードを運転者に交付し，移動中携帯させ，これを遵守させることと定められているが，特に毒性ガスを除いて積載数量の適用除外の規定がある．

実践問題（22）

問　次のイ，ロ，ハの記述のうち，車両に積載した容器（高圧ガスを充てんするためのものであって，内容積が48ℓのもの）による高圧ガスの移動に係る技術上の基準等について一般高圧ガス保安規則上正しいものはどれか．
　最も適切な答えを (1)，(2)，(3)，(4)，(5) の選択肢の中から1個選びなさい．
イ．充てん容器及び残ガス容器には，転落，転倒等による衝撃及びバルブの損傷を防止する措置を講じ，かつ，粗暴な取扱いをしてはならない．
ロ．冷凍設備の冷媒ガスの補充用のフルオロカーボン134aの充てん容器を移動するときは，その車両の見やすい箇所に警戒標を掲げる必要はない．
ハ．可燃性ガス，毒性ガス又は酸素を移動するときは，その高圧ガスの名称，性状及び移動中の災害防止のために必要な注意事項を記載した書面を運転者に交付し，移動中携帯させ，これを遵守させなければならない．

(1) イ　　(2) ロ　　(3) イ，ハ　　(4) ロ，ハ　　(5) イ，ロ，ハ

〈解説〉
イ…正
　「充てん容器等（内容積が5ℓ以下のものを除く）には，転落，転倒等による衝撃及びバルブの損傷を防止する措置を講じ，かつ，粗暴な取扱いをしないこと．」と定められている．なお，充てん容器等とは，充てん容器及び残ガス容器をいう．
ロ…誤
　「充てん容器等を車両に積載して移動するとき（容器の内容積が20ℓ以下である充てん容器等（毒性ガスに係るものを除く）のみを積載した車両であって，その積載容器の内容積の合計が40ℓ以下である場合を除く）は，その車両の見やすい箇所に警戒標を掲げること．ただし，次に掲げるもののみを積載した車両にあっては，この限りでない．」と定められている．ただし書きには，フルオロカーボン134aの充てん容器を移動する場合の除外規定はない．
ハ…正
　「可燃性ガス，毒性ガス又は酸素の高圧ガスを移動するときは，その高圧ガスの名称，性状及び移動中の災害防止のために必要な注意事項を記載した書面を運転者に交付し，移動中携帯させ，これを遵守させること．」と定められている．

正解　(3) イ，ハ

実践問題 (23)

問 次のイ，ロ，ハの記述のうち，冷凍設備の冷媒ガスの補充用の高圧ガスを車両に積載した容器（高圧ガスを充てんするためのもの）により移動する場合について一般高圧ガス保安規則上正しいものはどれか．
最も適切な答えを (1)，(2)，(3)，(4)，(5) の選択肢の中から1個選びなさい．

イ．液化アンモニアを移動するときは，防毒マスク，手袋その他の保護具並びに災害発生防止のための応急措置に必要な資材，薬剤及び工具等を携行しなければならない．

ロ．質量50kgの不活性ガスである液化フルオロカーボンを移動するときは，移動に係る技術上の基準等の適用を受けない．

ハ．質量50kgの液化アンモニアの充てん容器2本を移動するときは，液化アンモニアの名称，性状及び移動中の災害防止のために必要な注意事項を記載した書面を運転者に交付しなくてもよい．

(1) イ (2) ハ (3) イ，ロ (4) ロ，ハ (5) イ，ロ，ハ

〈解説〉
イ…正 記述のとおり．
ロ…誤
　高圧ガスを移動するには，その容器は，所定の保安上の必要な措置を講じ，積載方法及び移動方法について，所定の技術上の基準に従ってしなければならないと定められている．特に不活性ガスによる除外規定はない．
ハ…誤
　「可燃性ガス，毒性ガス又は酸素の高圧ガスを移動するときは，その高圧ガスの名称，性状及び移動中の災害防止のために必要な注意事項を記載した書面を運転者に交付し，移動中携帯させ，これを遵守させること．ただし，容器の内容積が20ℓ以下である充てん容器等（毒性ガスに係るものを除く）のみを積載した車両であって，その積載容器の内容積の合計が40ℓ以下である場合にあっては，この限りでない．」と定められている．毒性ガスである液化アンモニアを移動する場合は，その質量の多少にかかわらず，この規定を遵守しなければならない．

正解 (1) イ

実践問題（24）

問 次のイ，ロ，ハの記述のうち，車両に積載した容器（内容積が48ℓのもの）による液化アンモニアの移動に係る技術上の基準等について一般高圧ガス保安規則上正しいものはどれか．
　最も適切な答えを(1)，(2)，(3)，(4)，(5)の選択肢の中から1個選びなさい．

イ．消火設備並びに災害発生防止のための応急措置に必要な資材及び工具等を携行するほかに防毒マスク，手袋その他の保護具並びに災害発生防止のための応急措置に必要な資材，薬剤及び工具等も携行しなければならない．

ロ．移動する液化アンモニアの質量の多少にかかわらず，ガスの名称，性状及び移動中の災害防止のために必要な注意事項を記載した書面を運転者に交付し，移動中携帯させ，これを遵守させなければならない．

ハ．充てん容器及び残ガス容器には，木枠又はパッキンを施さなければならない．

(1) イ　(2) ロ　(3) イ，ハ　(4) ロ，ハ　(5) イ，ロ，ハ

〈解説〉
イ…正
　「可燃性ガス，酸素又は三フッ化窒素の充てん容器等を車両に積載して移動するときは，消火設備並びに災害発生防止のための応急措置に必要な資材及び工具等を携行すること．」又，「毒性ガスの充てん容器等を車両に積載して移動するときは，当該毒性ガスの種類に応じた防毒マスク，手袋その他の保護具並びに災害発生防止のための応急措置に必要な資材，薬剤及び工具等を携行すること．」と定められている．

ロ…正
　毒性ガスである液化アンモニアを移動する場合は，その質量の多少にかかわらず，その高圧ガスの名称，性状及び移動中の災害防止のために必要な事項を記載した書面を運転者に交付し，移動中携帯させ，これを遵守させることと定められている．

ハ…正
　「毒性ガスの充てん容器等には，木枠又はパッキンを施すこと．」と定められている．

正解　(5) イ，ロ，ハ

2-11 高圧ガスの廃棄

要点整理

○ 廃棄に係る技術上の基準に定める高圧ガス
- 冷凍則…**可燃性ガス及び毒性ガス**
- 一般則…**可燃性ガス，毒性ガス及び酸素**

○ 高圧ガスの廃棄に係る技術上の基準等
- **可燃性ガス**を大気中に放出して廃棄するときは，**通風の良い場所で少量ず つ**．
- **毒性ガス**を大気中に放出して廃棄するときは，**危険，損害を他に及ぼすお それのない場所で少量ずつ**．（冷凍則，一般則）
- **廃棄は，容器とともに行わない**．（一般則）
- 廃棄した後は，容器のバルブを閉じ，容器の転倒及びバルブの損傷を防止 する措置を講ずる．（一般則）
- 充てん容器等，バルブ又は配管を加熱するときは，**熱湿布又は40℃以下 の温湯等**を使用する．（一般則）

1. 高圧ガスの廃棄（法第25条）

　高圧ガスの廃棄とは，容器又は配管などの設備内の高圧ガスを高圧ガスでないガスにして，大気中や水中に放出したり，燃焼させたりして捨てることである．

　可燃性ガスや毒性ガス等の高圧ガスを廃棄する際に爆発，火災や中毒症状の災害事故が発生する危険性があるため，次のように規定されている．

　省令で定める高圧ガスの廃棄は，廃棄の場所，数量その他廃棄の方法について省令で定める技術上の基準に従ってしなければならない．

・高圧ガスを廃棄する場合は，可燃性ガスは燃焼させ，毒性ガスは除害装置で除害して大気放出することが原則である．

2. 冷凍則における高圧ガスの廃棄に係る技術上の基準等（冷凍則第33条，第34条）

(1) 廃棄に係る技術上の基準に定める高圧ガスは，**可燃性ガス及び毒性ガス**とする．

・冷凍則の高圧ガスの廃棄に係る技術上の基準で，可燃性ガス及び毒性ガスの2種類だけが規定されている．

[2-11 高圧ガスの廃棄] 97

(2) 廃棄に係る**技術上の基準**は，次に掲げるものとする．
① **可燃性ガス**の廃棄は，火気を取り扱う場所又は引火性若しくは発火性の堆積した場所及びその付近を避け，かつ大気中に放出して廃棄するときは，**通風の良い場所で少量ずつすること**．
② **毒性ガス**を大気中に放出して廃棄するときは，**危険，損害をほかに及ばすおそれのない場所で少量ずつすること**．

3. 一般則における高圧ガスの廃棄に係る技術上の基準等（一般則第61条，第62条）

(1) 廃棄に係る技術上の基準に定める高圧ガスは，**可燃性ガス，毒性ガス及び酸素**とする．
(2) 廃棄に係る**技術上の基準**は，次に掲げるものとする．
① **廃棄は，容器とともに行わないこと**．
② 可燃性ガスの廃棄は，火気を取り扱う場所又は引火性もしくは発火性の物をたい積した場所及びその付近を避け，かつ，大気中に放出して廃棄するときは，**通風の良い場所で少量ずつすること**．
③ **毒性ガス**を大気中に放出して廃棄するときは，**危険，損害をほかに及ばすおそれのない場所で少量ずつすること**．
④ 可燃性ガス又は毒性ガスを継続かつ反復して廃棄するときは，ガスの**滞留を検知**するための措置を講じること．
⑤ 酸素の廃棄は，バルブ及び廃棄に使用する器具の石油類，油脂類その他可燃性の物を除去した後にすること．
⑥ 廃棄した後は，容器の**バルブ**を閉じ，**容器の転倒及びバルブの損傷を防止する措置**を講ずること．
⑦ 充てん容器等のバルブは，静かに開閉すること．
⑧ 充てん容器等，バルブ又は配管を加熱するときは，次に掲げるいずれかの方法により行うこと．
・熱湿布を使用すること．
・温度40℃以下の温湯その他の液体（可燃性のものなどを除く）を使用すること．

・充てん容器等，バルブ又は配管を加熱するときは，温度40℃以下の温湯を用いるなど，容器等が高温にならないための措置を講じる．

> **チェック** ✓
>
> 次のイ，ロ，ハの記述のうち，正しいものはどれか．
> イ．冷凍保安規則に定められている高圧ガスの廃棄に係る技術上の基準に従うべき高圧ガスは，可燃性ガス及び毒性ガスに限られる．
> ロ．冷凍保安規則では，可燃性ガス及び毒性ガスに限り，高圧ガスの廃棄に係る技術上の基準が定められている．
> ハ．冷凍のための製造施設の冷媒設備内の高圧ガスであるアンモニアを廃棄するときには，冷凍保安規則で定める高圧ガスの廃棄に係る技術上の基準は適用されない．
> ニ．残ガス容器内のアンモニアを廃棄するため，容器とともに土中に埋めた．
> ホ．大気中に放出して廃棄するときは，火気を取り扱う場所又は引火性若しくは発火性の物をたい積した場所及びその付近を避け，かつ，通風の良い場所で少量ずつしなければならない．
> ヘ．廃棄した後は，その容器のバルブを確実に閉止しておけば，その容器の転倒及びバルブの損傷を防止する措置は講じなくても良い．

●解説●

イ…正　記述のとおり．

ロ…正　記述のとおり．

ハ…誤

　冷凍保安規則では，廃棄に係る技術上の基準に従うべき高圧ガスは可燃性ガス及び毒性ガスと指定されている．アンモニアは，可燃性ガス及び毒性ガスである．

ニ…誤

　高圧ガスの廃棄は，容器とともに行わない．ただし，緊急時の措置として，その充てん容器等とともに損害をほかに及ぼすおそれのない地中に埋めることが定められている（一般則第84条第4号）．

ホ…正　記述のとおり．

ヘ…誤

　廃棄した後はバルブを閉じ，容器の転倒及びバルブの損傷を防止する措置を講じなければならない．

[2-11 高圧ガスの廃棄]

実践問題（25）

問　次のイ，ロ，ハの記述のうち，正しいものはどれか．
　最も適切な答えを（1），（2），（3），（4），（5）の選択肢の中から1個選びなさい．
イ．冷凍保安規則に定められている高圧ガスの廃棄に係る技術上の基準に従うべき高圧ガスは，可燃性ガス及び毒性ガスに限られる．
ロ．冷凍のための製造施設の冷媒設備内の高圧ガスであるアンモニアを廃棄するときには，冷凍保安規則で定める高圧ガスの廃棄に係る技術上の基準は適用されない．
ハ．廃棄した後は，その容器のバルブを確実に閉止しておけば，その容器の転倒及びバルブの損傷を防止する措置は講じなくてもよい．

（1）イ　（2）ハ　（3）イ，ロ　（4）ロ，ハ　（5）イ，ロ，ハ

〈解説〉
イ…正
　冷凍保安規則の廃棄に係る技術上の基準に従うべき高圧ガスの指定では，可燃性ガス及び毒性ガスと定められている．
ロ…誤
　アンモニアは，可燃性ガス及び毒性ガスと定められているので，冷凍保安規則で定める高圧ガスの廃棄に係る技術上の基準は適用される．
ハ…誤
　「廃棄した後は，バルブを閉じ，容器の転倒及びバルブの損傷を防止する措置を講ずること．」と一般高圧ガス保安法で定められている．

正解　（1）イ

3章

保 安

3-1 危害予防規程

要点整理

○ 危害予防規程の作成と届出
・第一種製造者は，事業所ごとに都道府県知事に届け出なければならない．

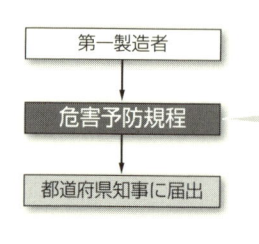

```
第一製造者
   ↓
危害予防規程 ─── ・技術上の基準      ・職務の範囲
   ↓              ・運転及び操作      ・保安，巡視，点検
都道府県知事に届出  ・増設，修理        ・危険な状態の措置と訓練
                  ・協力会社の作業管理 ・従業員の周知
                  ・記　録           ・規程の作成と変更
                  ・災害の発生防止
```

図 3.1　危害予防規程

・第二種製造者には，危害予防規程の作成は不要である．

1. 危害予防規程の作成 （法第 26 条）

　第一種製造者は，災害の発生の防止や災害の発生が起きた場合において，事業所が自らが行うべき保安活動について定めた危害予防規程を事業所ごとに，高圧ガスの製造開始する前までに都道府県知事に届け出なければならない．

(1) 第一種製造者は，危害予防規程を定め，都道府県知事に**届け出**なければならない．これを**変更**したときも，同様とする．

(2) 都道府県知事は，**公共の安全の維持又は災害の発生の防止**のため必要があると認めるときは，**危害予防規程の変更を命ずることができる**．

(3) **第一種製造者及びその従業者**（冷凍保安責任者等を含む）は，**危害予防規程を守らなければならない**．

(4) 都道府県知事は，第一種製造者又はその従業者が危害予防規程を守っていない場合において，**公共の安全の維持又は災害の発生の防止**のため必要があると認めるときは，

102　[3章　保　安]

第一種製造者に対し，危害予防規程を守るべきこと又はその従業者に**危害予防規程を守らせるための必要な措置**をとるべきことを命じ，又は**勧告**することができる．

2. 危害予防規程の届出等（冷凍則第35条）

危害予防規程は，冷凍，空調，冷媒，施設の大きさなどを勘案し，次に定める最低限のものを届け出なければならない．

(1) 第一種製造者は，危害予防規程届出書に危害予防規程（変更のときは，変更の明細を記載した書面）を添えて，事業所の所在地を管轄する都道府県知事に提出しなければならない．

(2) 次の各号に掲げる事項の細目とする．
  ① 省令で定める**技術上の基準**に関すること（2.4 製造設備の技術上の基準及び2.5 製造方法に係る技術上の基準）．
  ② **保安管理体制**及び冷凍保安責任者の行うべき**職務の範囲**に関すること．
  ③ 製造設備の安全な運転及び操作に関すること．
  ④ 製造施設の**保安，巡視及び点検**に関すること．
  ⑤ 製造施設の**増設の工事及び修理作業の管理**に関すること．
  ⑥ **製造施設が危険な状態となったときの措置及びその訓練方法**に関すること．
  ⑦ **協力会社（下請会社も含む）の作業の管理**に関すること．
  ⑧ 従業員に対する危害予防規程の周知方法及び**危害予防規程に違反した者に対する措置**に関すること．
  ⑨ **保安に係る記録**に関すること．
  ⑩ **危害予防規程の作成及び変更の手続**に関すること．
  ⑪ **災害の発生の防止のために必要な事項**に関すること．

・危害予防規程の目的
　法に基づき，当該事業所の保安維持に必要な事項を定め，もって人的及び物的損傷を防止し，公共の安全を確保することを目的とする．

・危害予防規程と保安教育計画の関係
　危害予防規程は，保安教育計画と一体のものとする．

・協力会社
　高圧ガスの製造，製造施設の工事，荷役などに関連する作業を行う請負会社，外注会社など．

チェック1 ☑

次の記述のうち，冷凍のため高圧ガスの製造をする第一種製造者が定める危害予防規程について正しいものはどれか．

イ．所定の事項を記載した危害予防規程を定め，これを都道府県知事に届け出なければならない．
ロ．危害予防規程を定め，従業者とともに，これを忠実に守らなければならないが，その危害予防規程を都道府県知事に届け出るべき定めはない．
ハ．危害予防規程を定めたときは，これを都道府県知事に届け出さなければならないが，その危害予防規程を変更したときは，その旨を都道府県知事に届け出る必要はない．
ニ．危害予防規程に新たな事項を追加した場合は，都道府県知事に届け出なければならないが，その規程に定められた事項を削除した場合は，その届出をしなくてもよい．
ホ．危害予防規程については，都道府県知事が災害の発生の防止のための必要があると認めた場合，都道府県知事からその規定の変更を命ぜられることがある．
ヘ．危害予防規程を守るべき者は，危害予防規程を定めた第一種製造者及びその従業者である．

●解説●

イ…正　記述のとおり．

ロ…誤

　第一種製造者は，所定の危害予防規程を定め，都道府県知事に届け出なければならず，事業者及びその従業者は，この危害予防規程を守らなければならない．

ハ…誤

　危害予防規程を定めたときと同様に，変更したときも都道府県知事に届け出なければならない．

ニ…誤

　危害予防規程に新たな事項を追加した場合や定められた事項を削除した場合は，危害予防規程を変更になるので，都道府県知事に届け出さなければならない．

ホ…正　記述のとおり．

ヘ…正　記述のとおり．

チェック2 ☑

次の記述のうち，冷凍のため高圧ガスの製造をする第一種製造者が定める危害予防規程について正しいものはどれか．

イ．危害予防規程に定めるべき事項の一つに，製造の方法に関する技術上の基準に関することがある．

ロ．危害予防規程に記載すべき事項の一つに保安管理体制及び冷凍保安責任者の行うべき職務の範囲に関することがある．

ハ．危害予防規程に定めるべき事項の一つに，製造施設の増設に係る工事及び修理作業の管理に関することがある．

ニ．危害予防規程には，協力会社の作業の管理に関することも定めなければならない．

ホ．製造施設が危険な状態となったときの措置及びその訓練方法に関することは，危害予防規程に定めるべき事項の一つである．

ヘ．保安に係る記録に関することは，危害予防規程に定めるべき事項の一つである．

ト．危害予防規程には，製造設備の安全な運転及び操作に関することを定めなりればならないが，危害予防規程の変更の手続に関することは定める必要がない．

●解説●

イ…正　記述のとおり．

ロ…正　記述のとおり．

ハ…正　記述のとおり．

ニ…正　記述のとおり．

ホ…正　記述のとおり．

ヘ　正　記述のとおり．

ト…誤

危害予防規程に定めるべき事項の一つとして，危害予防規程の作成及び変更の手続きに関することも定められている．

実践問題（26）

問 次のイ，ロ，ハの記述のうち，冷凍のため高圧ガスの製造をする第一種製造者が定める危害予防規程について正しいものはどれか．
最も適切な答えを（1），（2），（3），（4），（5）の選択肢の中から1個選びなさい．
イ．危害予防規程を変更したときは，都道府県知事に届け出なければならない．
ロ．危害予防規程には，協力会社の作業の管理に関することも定めなければならない．
ハ．危害予防規程には，製造設備の安全な運転及び操作に関することを定めなければならないが，危害予防規程の変更の手続に関することは定める必要がない．

(1) イ　(2) ハ　(3) イ，ロ　(4) ロ，ハ　(5) イ，ロ，ハ

〈解説〉
イ…正
「第一種製造者は，省令で定める事項について記載した危害予防規程を定め，省令で定めるところにより，都道府県知事に届け出なければならない．これを変更したときも，同様とする．」と定められている．
ロ…正
危害予防規程に定めるべき事項の一つとして，「協力会社の作業の管理に関すること．」と定められている．
ハ…誤
危害予防規程に定めるべき事項の一つとして，「製造設備の安全な運転及び操作に関すること．」及び「危害予防規程の作成及び変更の手続に関すること．」と定められている．

正解　(3) イ，ロ

実践問題（27）

問　次のイ，ロ，ハの記述のうち，冷凍のため高圧ガスの製造をする第一種製造者（冷凍保安責任者を選任しなければならない者）が定めるべき危害予防規程について正しいものはどれか．
　最も適切な答えを（1），（2），（3），（4），（5）の選択肢の中から1個選びなさい．

イ．所定の事項を記載した危害予防規程を定め，これを都道府県知事に届け出なければならないが，これを変更したときは届け出る必要はない．
ロ．危害予防規程に記載すべき事項の一つに保安管理体制及び冷凍保安責任者の行うべき職務の範囲に関することがある．
ハ．危害予防規程を守るべき者は，その第一種製造者及びその従業者である．

（1）ロ　　（2）イ，ロ　　（3）イ，ハ　　（4）ロ，ハ　　（5）イ，ロ，ハ

〈解説〉
イ…誤
　「第一種製造者は，省令で定める事項について記載した危害予防規程を定め，省令で定めるところにより，都道府県知事に届け出なければならない．これを変更したときも，同様とする．」と定められている．したがって，危害予防規程に記載した事項を変更したときは，都道府県知事に届け出る必要がある．
ロ…正
　危害予防規程に定めるべき事項の一つとして，「保安管理体制及び冷凍保安責任者の行うべき職務の範囲に関すること．」と定められている．
ハ…正
　「第一種製造者及びその従業者は，危害予防規程を守らなければならない．」と定められている．

正解　（4）ロ，ハ

3-2 保安教育

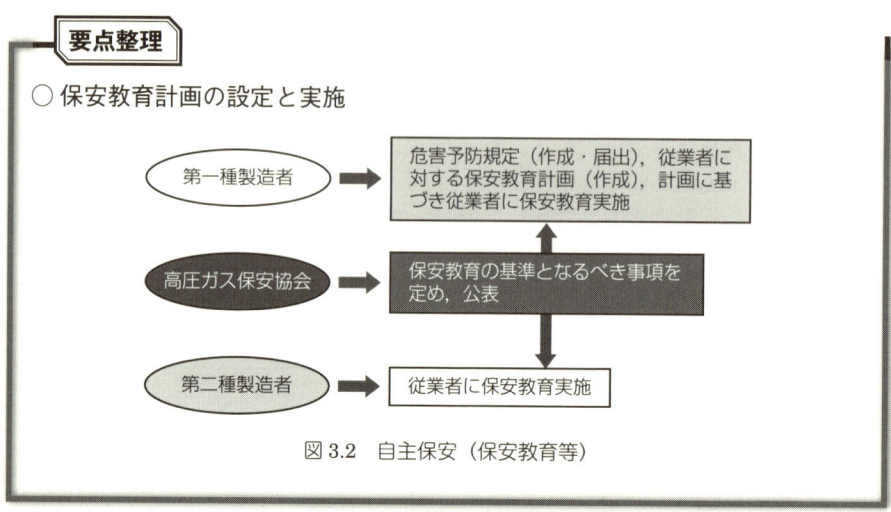

要点整理

○ 保安教育計画の設定と実施

第一種製造者 → 危害予防規定（作成・届出），従業者に対する保安教育計画（作成），計画に基づき従業者に保安教育実施

高圧ガス保安協会 → 保安教育の基準となるべき事項を定め，公表

第二種製造者 → 従業者に保安教育実施

図 3.2　自主保安（保安教育等）

1. 保安教育計画の設定と実施（法第 27 条）

第一種製造者は，従業者に対し保安に関する教育計画を定め，これに従って，設備の操作方法や管理，高圧ガスの知識，高圧ガス保安法の理解などの保安教育を実施し，高圧ガスによる人的及び物的損傷を防止し，公共の安全を確保しなければならない．

(1) **第一種製造者**は，その**従業者に対する保安教育計画**を定めなければならない．

(2) 都道府県知事は，**公共の安全の維持又は災害の発生の防止上十分**でないと認めるときは，保安教育計画の変更を命ずることができる．

(3) 第一種製造者は，保安教育計画を忠実に実行しなければならない．

(4) **第二種製造者**，第一種貯蔵所，販売業者，特定高圧ガス消費者は，その**従業者に保安教育**を施さなければならない．

(5) 都道府県知事は，第一種製造者が保安教育計画を忠実に

・第一種製造者（事業者）が定める保安教育計画は，冷凍保安責任者及びその代理者を含め，その事業者の従業者に対する保安教育計画を定め，その計画を忠実に実行しなければならない．

なお，その従業者に対する保安教育計画を都道府県知事に届け出る必要はない．

実行していない場合において，公共の安全の維持若しくは災害の発生の防止上十分でないと認めるときは，又は第二種製造者等がその従事者に施す保安教育が公共の安全の維持若しくは災害の発生の防止上十分でないと認められるときは，第一種製造者又は第二種製造者等に対し，それぞれ，保安教育計画を忠実に実行し，又はその従業者に保安教育を施し，若しくはその内容若しくは方法を改善すべきことを勧告することができる．

(6) 協会は，高圧ガスによる災害の防止に資するため，高圧ガスの種類ごとに，保安教育計画を定め，又は保安教育を施すに当たって基準となるべき事項を作成し，これを公表しなければならない．

2. 保安体制（法第27条の2，法第32条）

第一種製造者及び特定の第二種製造者は，製造施設の規模や事業形態に応じて保安統括者等を選任して高圧ガス製造に係わる保安に関する業務を管理させなければならない．

- 保安統括者は，高圧ガスの製造に係る保安に関する業務を統括管理する．
- 保安技術管理者は，保安統括者を補佐して，高圧ガスの製造に係る保安に関する技術的な事項を管理する．
- 保安係員は，製造のための施設の維持，製造の方法の監視その他高圧ガスの製造に係る保安に関する技術的な事項を管理する．

・保安統括者等
　保安統括者，保安技術管理者，保安係員，保安主任者若しくは保安企画推進員又は冷凍保安責任者の総称である．

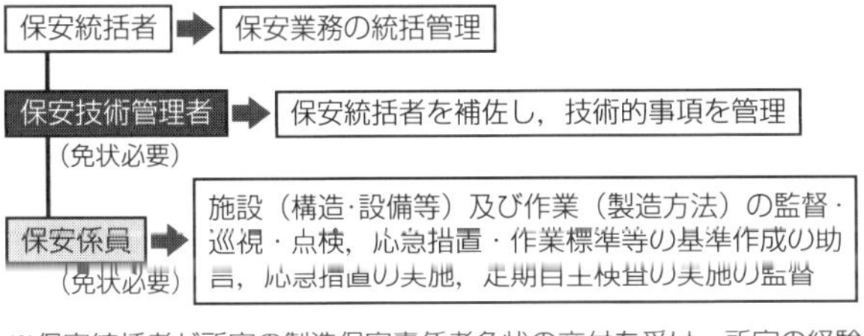

図3.3　保安統括者等の選任体系及び職務（小規模な第一種，第二種の事業所）

※保安統括者が所定の製造保安責任者免状の交付を受け，所定の経験を有する者である場合，保安技術管理者の選任が免除されている．

[3-2 保安教育]　109

> **チェック** ☑
>
> 次の記述のうち，冷凍のため高圧ガスの製造をする第一種製造者について正しいものはどれか．
> イ．従業者に対する保安教育計画を定め，これを忠実に実行しなければならないが，その保安教育計画を都道府県知事に届け出る必要はない．
> ロ．従業者に保安教育を施さなければならないが，その保安教育計画を定める必要はない．
> ハ．所定の事項を記載した危害予防規程を定め，これを都道府県知事に届け出れば，その従業者に対する保安教育計画は定めなくてもよい．
> ニ．高圧ガス保安協会が作成し公表した基準となるべき事項を参考にして従業者に対する保安教育計画を定め，これを忠実に実行している．
> ホ．この事業者が定める保安教育計画は，冷凍保安責任者及びその代理者以外の従業者に対するものとしなければならない．
> ヘ．従業者に対して随時保安教育を施せば，保安教育計画を定める必要はない．

●解説●

イ…正　記述のとおり．

ロ…誤

　第一種製造者は，従業者に対する保安教育計画を定め，これを忠実に実行しなければならない．

ハ…誤

　第一種製造者は，危害予防規程とは別に従業者に対する保安教育計画を定めなければならない．

ニ…正　記述のとおり．

ホ…誤

　第一種製造者（事業者）が定める保安教育計画は，冷凍保安責任者及びその代理者を含め，その事業者の従業者に対する保安教育計画を定めなければならない．

ヘ…誤

　第一種製造者は，その従業者に対して随時の保安教育していても，保安教育計画を定める必要がある．

実践問題（28）

問　次のイ，ロ，ハの記述のうち，冷凍のため高圧ガスの製造をする第一種製造者について正しいものはどれか．
　最も適切な答えを (1)，(2)，(3)，(4)，(5) の選択肢の中から1個選びなさい．

イ．第一種製造者は，所定の事項を記載した危害予防規程を定め，これを都道府県知事に届け出れば，その従業者に対する保安教育計画は定めなくてもよい．
ロ．第一種製造者は，従業者に対する保安教育計画を定め，これを忠実に実行しなければならないが，都道府県知事へ届け出る定めはない．
ハ．第一種製造者は，従業者に対して随時保安教育を施せば，保安教育計画を定める必要はない．

(1) イ　　(2) ロ　　(3) イ，ロ　　(4) ロ，ハ　　(5) イ，ロ，ハ

〈解説〉
イ…誤
　「第一種製造者は，省令で定める事項について記載した危害予防規程を定め，省令で定めるところにより，都道府県知事に届け出なければならない．これを変更したときも，同様とする．」又「第一種製造者は，その従業者に対する保安教育計画を定めなければならない．」と定められている．
ロ…正
　第一種製造者は，従業者に対する保安教育計画を定め，これを都道府県知事に届け出る必要はないが，「その計画を忠実に実行しなければならない．」と定められている．
ハ…誤
　「第一種製造者は，その従業者に対する保安教育計画を定めなければならない．」と定められている．したがって，第一種製造者（事業者）が定める保安教育計画は，冷凍保安責任者及びその代理者を含め，その事業者の従業者に対する保安教育計画を定めなければならない．

正解　(2) ロ

実践問題（29）

問 次のイ，ロ，ハの記述のうち，冷凍のため高圧ガスの製造をする第一種製造者について正しいものはどれか．
　最も適切な答えを（1），（2），（3），（4），（5）の選択肢の中から1個選びなさい．
イ．高圧ガス保安協会が作成し公表した基準となるべき事項を参考にして従業者に対する保安教育計画を定め，これを忠実に実行している．
ロ．この事業者は，危害予防規程を定め，この事業者と従業者は，これを忠実に守らなければならないが，都道府県知事へ届け出る定めはない．
ハ．従業者に対する保安教育計画を定め，これを都道府県知事に届け出なければならない．

(1) イ　(2) ロ　(3) イ，ロ　(4) ロ，ハ　(5) イ，ロ，ハ

〈解説〉
イ…正
　「高圧ガス保安協会は，高圧ガスによる災害の防止に資するため，高圧ガスの種類ごとに，保安教育計画を定め，又は保安教育を施すに当たって基準となるべき事項を作成し，これを公表しなければならない．」と定められている．第一種製造者は，高圧ガス保安協会が作成し公表した基準となるべき事項を参考にして従業者に対する保安教育計画を定め，これを忠実に実行しなければならない．
ロ…誤
　「第一種製造者は，省令で定める事項について記載した危害予防規程を定め，省令で定めるところにより，都道府県知事に届け出なければならない．これを変更したときも，同様とする．」又，「第一種製造者及びその従業者は，危害予防規程を守らなければならない．」と定められている．
ハ…誤
　第一種製造者は，従業者に対する保安教育計画を定め，これを都道府県知事に届け出る必要はないが，「その計画を忠実に実行しなければならない．」と定められている．

正解　(1) イ

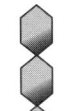

3-3 冷凍保安責任者

要点整理

○ 冷凍保安責任者の選任

表 3.1 冷凍保安責任者の選任等

製造施設の区分 （1日の冷凍能力）	製造保安責任者免状を交付を受けている者（該当冷凍機械責任者免状：○印）			高圧ガスの製造に関する経験	
	第一種	第二種	第三種	製造施設の1日の冷凍能力	高圧ガスの製造に関する経験年数
300トン以上	○	—	—	100トン以上	1年以上
100トン以上300トン未満	○	○	—	20トン以上	1年以上
100トン未満	○	○	○	3トン以上	1年以上

表 3.2 冷凍保安責任者の選任の一覧

			法定冷凍トン	3	5	20	50	60	〔トン〕
フルオロカーボン	不活性ガス	通常	事業者の区分	適用除外		その他の製造者	第二種製造者	第一種製造者	
			冷凍保安責任者					選任（R114は除く）	
		ユニット型	事業者の区分	適用除外		その他の製造者	第二種製造者	第一種製造者	
			冷凍保安責任者						
		認定指定設備	事業者の区分				第二種製造者		
			冷凍保安責任者						
	不活性以外のガス	通常	事業者の区分	適用除外	その他の製造者	第二種製造者		第一種製造者	
			冷凍保安責任者					選任	
アンモニア		通常	事業者の区分	適用除外	その他の製造者	第二種製造者		第一種製造者	
			冷凍保安責任者					選任	
		ユニット型	事業者の区分	適用除外	その他の製造者	第一種製造者		第一種製造者	
			冷凍保安責任者						
その他のガス（ヘリウム、プロパン、二酸化炭素など）			事業者の区分	適用除外	第二種製造者			第一種製造者	
			冷凍保安責任者					選任（ユニット型は除く）	

○ 選任不要の設備
① 冷媒ガスが不活性のフルオロカーボン
  ・50トン未満の第二種製造設備
  ・ユニット型冷凍設備
  ・認定指定設備
② 冷媒ガスが不活性以外のフルオロカーボン又はアンモニア

```
          ・20トン未満の第二種製造設備
          ・60トン未満のアンモニア冷媒ガスで，ユニット型設備
     ③  冷媒ガスがフルオロカーボン及びアンモニア以外
          ・20トン未満の第二種製造設備
     ④  冷媒ガスがフルオロカーボン114（R114）であるすべての製造設備
○ 冷凍保安責任者の代理者
  ・あらかじめ，製造保安責任者免状の交付を受けている者で，高圧ガスの製
   造に関する経験を有する者のうちから，冷凍保安責任者の代理者を選任す
   る．
  ・冷凍保安責任者及び代理者を選任又は解任したときは，遅滞なくの都道府
   県知事に届け出る．
```

冷凍保安責任者とは，第一種製造者，第二種製造者などの事業所で冷凍設備の運転や保守の責任者のことで，現場責任者となる立場にある．

1. 冷凍保安責任者の選任 （法第27条の4）

第一種製造者，第二種製造者は，**事業所ごとに製造保安責任者免状（冷凍機械責任者免状）の交付を受けている者**であって，所定（冷凍則第36条）の**高圧ガスの製造に関する経験を有する者**のうちから，冷凍保安責任者を選任し，**高圧ガスの製造に係る保安に関する業務を管理する職務**を行わせなければならない．

2. 製造施設の区分による冷凍保安責任者の選任 （冷凍則第36条）

第一種製造者等は，製造施設の区分に応じ，**製造施設ごとに**，製造保安責任者免状の交付を受けている者で，高圧ガスの製造に関する経験を有する者のうちから，冷凍保安責任者を選任しなければならない．この場合において，二つ以上の製造施設が，同一の製造施設とみなされるときは，これらの製造施設のうち冷凍能力が最大である製造施設の冷凍能力に対して冷凍保安責任者を選任する．

なお，**認定指定設備を設置している場合は，認定指定設備の冷凍能力を除いた冷凍能力に対して選任する．**

表3.3 冷凍責任者の選任等

製造施設の区分	製造保安責任者免状の交付を受けている者	高圧ガスの製造に関する経験
1日の冷凍能力が300トン以上のもの	・第一種冷凍機械責任者免状	1日の冷凍能力が100トン以上の製造施設を使用してする高圧ガスの製造に関する1年以上の経験
1日の冷凍能力が100トン以上300トン未満のもの	・第一種冷凍機械責任者免状 ・第二種冷凍機械責任者免状	1日の冷凍能力が20トン以上の製造施設を使用してする高圧ガスの製造に関する1年以上の経験
1日の冷凍能力が100トン未満のもの	・第一種冷凍機械責任者免状 ・第二種冷凍機械責任者免状 ・第三種冷凍機械責任者免状	1日の冷凍能力が3トン以上の製造施設を使用してする高圧ガスの製造に関する1年以上の経験

3. 冷凍保安責任者選任の必要がない施設

次の施設は冷凍責任者を選任しなくてもよい．

(1) 第一種製造者で冷凍機械責任者を選任しなくてもよい施設（冷凍則第36条の第2項抜粋）

製造設備が可燃性ガス及び毒性ガス（アンモニアを除く）以外のガスを冷媒ガスとするものである製造施設であって，次のイ〜ヘの要件を満たすもの（いわゆる「**ユニット型冷凍設備**」）．

なお，**R114の製造設備に係る製造施設**は冷凍機械責任者を選任しなくてもよい．

　イ　機器製造業者の事業所において次の事項が行われるもの．
　　① **冷媒設備及び圧縮機用原動機を一の架台上に一体に組立てること．**
　　② 冷媒ガスの配管の取付けを完了し気密試験を実施すること．
　　③ 冷媒ガスを封入し，試運転を行って保安の状況を確認すること．
　ロ　圧縮機の高圧側の圧力が許容圧力を超えたときに圧縮機の運転を停止する高圧遮断装置のほか，次の必要な**自動制御装置**を設けるものであること．
　　① 開放型圧縮機には，低圧側の圧力が常用の圧力より著しく低下したときに圧縮機の運転を停止する低圧遮断装置を設けること．

・次の場合には冷凍保安責任者の選任をしなければならない．
・試験問題の事業所の例で「圧縮機用電動機が一つの架台上に組み立てていないものであって，かつ，認定指定設備でないもの」とされた場合．
・製造設備の変更の工事等の際，溶接，切断を伴う工事を施し，機器製造時と同一の部品でない場合．

②　圧縮機を駆動する動力装置には，過負荷保護装置を設けること．

③　液体冷却器には，液体の凍結防止装置を設けること．

ハ　製造設備が**アンモニアを冷媒ガス**とするものである製造施設にあっては，当該製造設備の**1日の冷凍能力**が**60トン未満**であること．

ニ　冷凍設備の使用に当たり，冷媒ガスの止め弁の操作を必要としないものであること．

ホ　製造設備が使用場所に分割して搬入される製造施設にあっては，冷媒設備に溶接又は切断を伴う工事を施すことなしに再組立てをすることができ，かつ，直ちに冷凍の用に供することができるものであること．

ヘ　製造設備に**変更の工事が施される製造施設**にあっては，製造設備の設置台数，取付位置，外形寸法及び冷凍能力が機器製造時と同一であるとともに，製造設備の**部品の種類**が，**機器製造時と同等**のものであること．

(2) 第二種製造者で冷凍機械責任者を選任しなくてもよい施設（冷凍則第36条の第3項）

次のいずれかに該当するものは，冷凍機械責任者を選任しなくてもよい．

①　冷凍のためガスを圧縮し，又は液化して高圧ガスの製造をする設備でその1日の冷凍能力が3トン以上（**不活性なフルオロカーボンにあっては，20トン以上．アンモニア又は不活性以外のフルオロカーボンにあっては，5トン以上20トン未満**）のものを使用して高圧ガスを製造する者

・冷凍能力が20トン以上である不活性以外のフルオロカーボン，アンモニアを冷媒ガスとする第二種製造者は，事業所ごとに冷凍機械責任者免状の交付を受け，かつ，所定の経験を有する者を冷凍保安責任者及びその代理者として選任しなければならない．

表3.4

法定冷凍トン				3	5	20	50	60　〔トン〕
フルオロカーボン	不活性ガス	通常	事業者の区分	適用除外	その他の製造者	第二種製造者	第一種製造者	
			冷凍保安責任者				選任(R114は除く)	
	不活性以外のガス	通常	事業者の区分	適用除外	その他の製造者	第二種製造者	第一種製造者	
			冷凍保安責任者				選任	
アンモニア		通常	事業者の区分	適用除外	その他の製造者	第二種製造者	第一種製造者	
			冷凍保安責任者				選任	

② アンモニアを冷媒ガスとする**ユニット型製造施設**であって，その製造設備の1日の冷凍能力が**20トン以上50トン未満**のものを使用して高圧ガスを製造する者

4. 冷凍保安責任者免状の選任等届出 (法第27の4条の第2項)

冷凍保安責任者を選任したときは，遅滞なくその旨を都道府県知事に**届け出**なければならない．これを解任したときも，同様とする．

5. 冷凍保安責任者の代理者 (法第33条法，第27の4条の第2項の準用)

(1) あらかじめ，冷凍保安責任者の代理者を選任し，冷凍保安責任者が旅行，疾病その他の事故によってその職務を行うことができない場合に，その職務を代行させなければならない．この場合において，冷凍保安責任者の代理者については**製造保安責任者免状の交付**を受けている者であって，**高圧ガスの製造に関する経験を有する者**のうちから，選任しなければならない．

(2) 冷凍保安責任者の**代理者**は，冷凍保安責任者の**職務を代行する場合**は，この法律の規定の適用については，冷凍保安責任者**とみなす**．

(3) 冷凍保安責任者の代理者を選任したときは，遅滞なくその旨を都道府県知事に**届け出**なければならない．これを解任したときも，同様とする．

・冷凍保安責任者を選任しなければならない事業所には，常に2名の有資格者が必要となる．

参考

[ユニット型冷凍設備]

「ユニット型冷凍設備」とは，製造設備が可燃性ガス及び毒性ガス（アンモニアを除く）以外のガスを冷媒ガスとするものである製造施設であって，次の要件を満たすものである．なお，第一種製造者であっても，ユニット型冷凍機の場合は，冷凍保安責任者の選任は不要である．（冷凍則第36条）

(1) 機器製造業者の事業所において次の①から⑤までに掲げる事項が行われるものであること．
　① 冷媒設備及び圧縮機用原動機を一の架台上に一体に組み立てること．
　② アンモニア冷凍機にあっては，冷媒設備及び圧縮機用原動機をケーシング内に収納すること（専用機械室に設置する場合を除く）．
　③ 空冷凝縮器を使用するアンモニア冷凍機では，凝縮器に散水するための散水口を設けること．
　④ 冷媒ガスの配管の取付けを完了し，気密試験を実施すること．
　⑤ 冷媒ガスを封入し，試運転を行って保安の状況を確認すること．
(2) アンモニア冷凍機では，製造設備が被冷却物をブライン又は二酸化炭素を冷媒ガスとする自然循環式冷凍設備の冷媒ガスにより冷凍する製造設備であること．
(3) 圧縮機の高圧側の圧力が許容圧力を超えたときに圧縮機の運転を停止する高圧遮断装置のほか，必要な自動制御装置を設けるものであること．
(4) 製造設備がアンモニアを冷媒ガスとするものである製造施設では，(3) 以外に，自動制御装置を設けるとともに，必要な自動制御装置を設けるものであること．
(5) アンモニア冷凍機では，1日の冷凍能力が60トン未満であること．
(6) 冷凍設備の使用に当たり，冷媒ガスの止め弁の操作を必要としないものであること．
(7) 製造設備が使用場所に分割して搬入される製造施設では，冷媒設備に溶接又は切断を伴う工事を施すことなしに再組立てをすることができ，かつ，直ちに冷凍の用に供することができるものであること．
(8) 製造設備に変更の工事が施される製造施設にあっては，製造設備の設置台数，取付位置，外形寸法及び冷凍能力が機器製造時と同一であるとともに，製造設備の部品の種類が，機器製造時と同等のものであること．
(9) R114の製造設備に係る製造施設．

チェック1 ☑

次の記述のうち，正しいものはどれか．

イ．第三種冷凍機械責任者免状の交付を受けている冷凍保安責任者が職務を行うことができる範囲は，1日の冷凍能力が100トン未満の製造施設における製造に係る保安についてである．

ロ．1日の冷凍能力が90トンである製造設備（認定指定設備でないもの）の事業所に冷凍保安責任者を選任するとき，その選任される者が交付を受けている製造保安責任者免状の種類は，第三種冷凍機械責任者免状でもよい．

ハ．1日の冷凍能力が180トンである製造設備（100トンの認定指定設備が含まれている）の事業所の冷凍保安責任者に選任される者に交付されている製造保安責任者免状の種類は，第一種冷凍機械責任者免状又は第二種冷凍機械責任者免状でなければならない．

ニ．第二種製造者のうちには，冷凍保安責任者及びその代理者を選任しなければならないものがある．

ホ．1日の冷凍能力が310トンである製造設備（認定指定設備でないもの）の事業所の冷凍保安責任者には，第二種冷凍機械責任者免状の交付を受け，かつ，1日の冷凍能力が20トン以上の製造施設を使用して行う高圧ガスの製造に関する1年以上の経験を有する者を選任することができる．

●解説●

イ…正　記述のとおり．

ロ…正

1日の冷凍能力が100トン未満の製造施設では，第三種冷凍機械責任者免状の交付を受けている者も冷凍保安責任者として選任できる．

ハ…誤

100トンの認定指定設備は合算されないので，この事業所は80トンと計算され，100トン未満である．したがって，第三種冷凍機械責任者免状の交付を受けている者も冷凍保安責任者として選任できる．

ニ…正　記述のとおり．

ホ…誤

この事業所の冷凍保安責任者は，第一種冷凍機械責任者免状の交付を受け，かつ，1日の冷凍能力が100トン以上の製造施設を使用してする高圧ガスの製造に関する1年以上の経験を有するものでなければならない．

チェック2 ☑

次の記述のうち，冷凍保安責任者を選任しなければならない事業所における冷凍保安責任者及びその代理者について正しいものはどれか．

イ．冷凍保安責任者の代理者は，冷凍保安責任者の職務を代行する場合は，高圧ガス保安法の規定の適用については，冷凍保安責任者とみなされる．

ロ．冷凍保安責任者が疾病その他の事故によって，その職務を行うことができないときは，その都度，その代理者を選任すればよい．

ハ．冷凍保安責任者の代理者には，高圧ガスの製造に関する経験を有していれば，製造保安責任者免状の交付を受けていない者を選任することができる．

ニ．定期自主検査において，冷凍保安責任者が旅行，疾病その他の事故によってその検査の実施について監督を行うことができない場合，あらかじめ選任したその代理者にその職務を行わせなければならない．

ホ．冷凍保安責任者及びその代理者を選任したときは，その冷凍保安責任者については，遅滞なく，その旨を都道府県知事に届け出なければならないが，その代理者については届け出る必要はない．

ヘ．選任していた冷凍保安責任者の代理者を解任し，新たに冷凍保安責任者の代理者を選任したときは，その新たに選任した代理者についてのみ，遅滞なく，都道府県知事に届け出ればよい．

● 解説 ●

イ…正　記述のとおり．

ロ…誤

　あらかじめ，冷凍保安責任者の代理者を選任しておかなければならない．

ハ…誤

　冷凍保安責任者の代理者を，所定の製造保安責任者の免状の交付を受け，所定の高圧ガスの製造に関する経験を有する者のうちから選任しなければならない．

ニ…正　記述のとおり．

ホ，ヘ…誤

　冷凍保安責任者及び冷凍保安責任者の代理者を選任又は解任したときは，遅滞なく，その旨を都道府県知事に届けなければならない．

実践問題（30）

問　次のイ，ロ，ハの記述のうち，冷凍保安責任者を選任しなければならない事業所における冷凍保安責任者及びその代理者について正しいものはどれか．
　最も適切な答えを（1），（2），（3），（4），（5）の選択肢の中から1個選びなさい．

イ．1日の冷凍能力が90トンの製造施設（認定指定設備でないもの）の冷凍保安責任者に第三種冷凍機械責任者免状の交付を受け，かつ，所定の経験を有する者を選任することができる．
ロ．冷凍保安責任者の代理者には，高圧ガスの製造に関する経験を有していれば，製造保安責任者免状の交付を受けていない者を選任することができる．
ハ．冷凍保安責任者の代理者は，冷凍保安責任者の職務を代行する場合は，高圧ガス保安法の規定の適用については，冷凍保安責任者とみなされる．

（1）イ　（2）ロ　（3）イ，ハ　（4）ロ，ハ　（5）イ，ロ，ハ

〈解説〉
イ…正
　1日の冷凍能力が100トン未満の製造施設では，第三種冷凍機械責任者免状以上の交付を受けている者で，所定の経験を（1日の冷凍能力が3トン以上の製造施設を使用して高圧ガスの製造に関する1年以上の経験）有する者を冷凍保安責任者として選任できると定められている．
ロ…誤
　第一種製造者等は，製造施設の区分に応じ，所定の製造保安責任者免状の交付を受けている者で，所定の高圧ガスの製造に関する経験を有する者のうちから，冷凍保安責任者の代理者を選任しなければならないと定められている．
ハ…正
　「保安統括者等の代理者は，保安統括者等の職務を代行する場合は，この法律の規定の適用については，保安統括者等とみなす．」と定められている．なお，保安統括者等とは，保安統括者，保安技術管理者，保安係員，保安主任者若しくは保安企画推進員又は冷凍保安責任者の総称である．

正解　（3）イ，ハ

[3-3 冷凍保安責任者]

実践問題（31）

問　次のイ，ロ，ハの記述のうち，冷凍保安責任者を選任しなければならない事業所における冷凍保安責任者及びその代理者について正しいものはどれか．
　最も適切な答えを (1)，(2)，(3)，(4)，(5) の選択肢の中から1個選びなさい．

イ．1日の冷凍能力310トンの冷凍設備を使用する第一種製造者は，冷凍保安責任者には，第二種冷凍機械責任者免状の交付を受け，かつ，1日の冷凍能力が20トン以上の製造施設を使用して行う高圧ガスの製造に関する1年以上の経験を有する者を選任することができる．

ロ．冷凍保安責任者の代理者は，冷凍保安責任者が旅行，疾病その他の事故によってその職務を行うことができない場合には，高圧ガスの製造に係る保安に関する業務を管理をしなければならない．

ハ．選任している冷凍保安責任者及びその代理者を解任し，新たにこれらの者を選任したときは，遅滞なく，新たに選任した者についてその旨を都道府県知事に届け出なければならないが，解任したこれらの者についてはその旨を都道府県知事に届け出る必要はない．

(1) イ　(2) ロ　(3) イ, ロ　(4) イ, ハ　(5) イ, ロ, ハ

〈解説〉
イ…誤
　1日の冷凍能力が300トン以上の製造施設では，第一種冷凍機械責任者免状の交付を受けている者で，所定の経験（1日の冷凍能力が100トン以上の製造施設を使用して高圧ガスの製造に関する1年以上の経験）を有する者を冷凍保安責任者として選任できる

ロ…正
　冷凍保安責任者の代理者は，冷凍保安責任者が旅行，疾病その他の事故によってその職務を行うことができない場合に，その職務を代行しなければならないと定められている．

ハ…誤
　冷凍保安責任者及びその代理者を選任したときは，遅滞なく，その旨を都道府県知事に届け出なければならない．又これを解任したときも，同様とすると定められている．

正解　(2) ロ

実践問題（32）

問　次のイ，ロ，ハの記述のうち，冷凍保安責任者を選任しなければならない事業所における冷凍保安責任者及びその代理者について正しいものはどれか．
　最も適切な答えを (1), (2), (3), (4), (5) の選択肢の中から1個選びなさい．

イ．1日の冷凍能力210トンの冷凍設備を使用する第一種製造者は，冷凍保安責任者に，第二種冷凍機械責任者免状の交付を受けている者であって，1日の冷凍能力が20トンである製造設備の高圧ガスの製造に関する1年の経験を有している者を選任することができる．

ロ．冷凍保安責任者が旅行，疾病その他の事故によってその職務を行うことができないときは，直ちに，高圧ガスの製造に関する知識経験を有する者のうちから代理者を選任し，都道府県知事に届け出なければならない．

ハ．冷凍保安責任者が旅行で不在のため，この製造施設の定期自主検査を冷凍保安責任者の代理者の監督のもとに実施した．

(1) イ　(2) イ，ロ　(3) イ，ハ　(4) ロ，ハ　(5) イ，ロ，ハ

〈解説〉
イ…正
　1日の冷凍能力が100トン以上300トン未満の製造施設では，第二種冷凍機械責任者免状以上の交付を受けている者で，所定の経験を（1日の冷凍能力が20トン以上の製造施設を使用して高圧ガスの製造に関する1年以上の経験）有する者を冷凍保安責任者として選任できる．

ロ…誤
　冷凍保安責任者の代理者は，あらかじめ，所定の製造保安責任者免状の交付を受けている者で，所定の経験を有する者のうちから選任し，都道府県知事に届け出なければならない．

ハ…正
　製造施設の定期自主検査を行うときは，あらかじめ選任した冷凍保安責任者にその自主検査の実施について監督を行わせなければならない．冷凍保安責任者が旅行で不在の場合は，冷凍保安責任者の代理者の監督のもとに実施する．

正解　(3) イ，ハ

3-4 保安検査

要点整理

○ 保安検査の規定
・第一種製造者は，特定施設について，定期（3年以内に少なくとも1回以上）に，保安検査を受けなければならない．

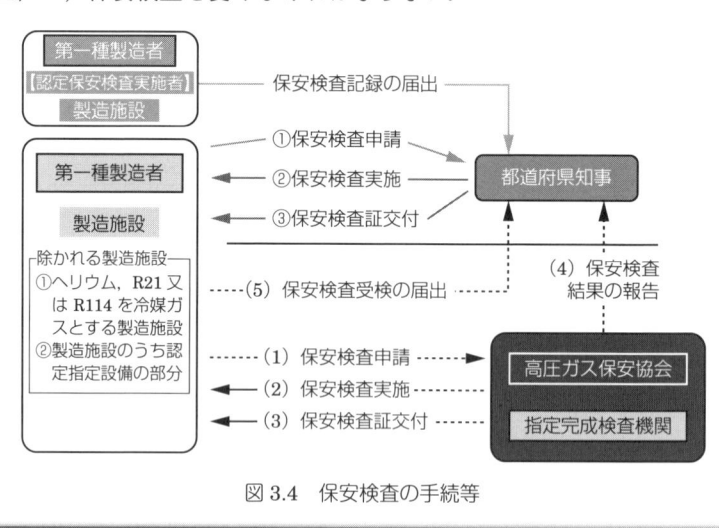

```
┌─────────────────┐
│   第一種製造者    │
│ 【認定保安検査実施者】│──── 保安検査記録の届出 ────┐
│    製造施設      │                         ↓
└─────────────────┘      ①保安検査申請    ┌─────────┐
┌─────────────────┐   ───────────────→   │         │
│   第一種製造者    │      ②保安検査実施    │都道府県知事│
│                 │   ←───────────────   │         │
│    製造施設      │      ③保安検査証交付   └─────────┘
│ ┌─除かれる製造施設─│   ←───────────────        ↑ ↑
│ │①ヘリウム，R21又│                      (4) 保安検査
│ │はR114を冷媒ガ  │····(5) 保安検査受検の届出····┘  結果の報告
│ │スとする製造施設 │                              │
│ │②製造施設のうち認│····(1) 保安検査申請····→ ┌─────────┐
│ │定指定設備の部分 │      (2) 保安検査実施    │高圧ガス保安協会│
│ │              │   ←···············    ├─────────┤
│ └───────────────│      (3) 保安検査証交付   │指定完成検査機関│
└─────────────────┘   ←···············    └─────────┘
```

図 3.4　保安検査の手続等

・一種製造者は必ず保安検査を受けるが，認定指定設備は，受けなくてもよい．

・**特定施設**
高圧ガスの爆発その他災害の発生するおそれがある製造施設．

1. 保安検査の規定（法第 35 条）

保安検査とは，製造施設を一定期間，運転した後，**特定施設の位置，構造及び設備**が所定の**技術基準に適合**しているかを点検・確認する法定検査の一つで，次のように規定されている．

(1) **第一種製造者**は，**特定施設**について，定期に，都道府県知事が行う**保安検査**を受けなければならない．

　ただし，次に掲げる場合は，その都道府県知事が行う保安検査を受けなくてもよい．

　① **高圧ガス保安協会**または**指定保安検査機関**が行う保安検査を受け，その旨を**都道府県知事に届け出**た場合

② 認定保安検査実施者が，その認定に係る特定施設について，検査の記録を都道府県知事に届け出た場合
(2) 保安検査は，特定施設が製造するための**施設の位置，構造及び設備が技術上の基準に適合**しているかどうかについて行う．
(3) **高圧ガス保安協会又は指定保安検査機関**は，保安検査を行つたときは，遅滞なく，その結果を**都道府県知事に報告**しなければならない．

・**指定保安検査機関**
　経済産業大臣の指定する者．
・**認定保安検査実施者**
　自ら特定施設に係る保安検査を行うこと．
・保安検査は，高圧ガスの製造の方法が技術上の基準に適合しているかどうかについて行われるものではない．

2. 特定施設の範囲等 (冷凍則第 40 条)

(1) 次の各号に掲げるものを除く製造施設を「特定施設」という．
　① ヘリウム，**R21 又は R114 を冷媒ガスとする製造施設**
　② 製造施設のうち**認定指定設備**の部分
(2) 都道府県知事が行う保安検査は，**3 年以内に少なくとも 1 回以上**行う．
(3) 保安検査を受けようとする第一種製造者は，製造施設完成検査証の交付を受けた日又は前回の保安検査証の**交付を受けた日から 2 年 11 月を超えない日までに，保安検査申請書**を事業所の所在地を管轄する**都道府県知事に提出**しなければならない．
(4) 都道府県知事は，保安検査において，特定施設が技術上の基準に適合していると認めるときは，**保安検査証**を交付するものとする．

コラム

[認定保安検査実施者]
　高圧ガス製造施設（継続して 2 年以上高圧ガスを製造している施設）のうち高圧ガス災害が発生するおそれのある施設（特定施設）については，定期に（3 年に 1 回以上），都道府県知事が行う保安検査を受ける必要があるが，経済産業大臣の認定を受けた第一種製造者（認定保安検査実施者）は，施設の運転を停止することなく，又は運転を停止して，自ら保安検査を行い，その検査の記録を都道府県知事に届け出れば，都道府県知事が行う保安検査を受ける必要はない．

チェック ✓

次の記述のうち，冷凍のため高圧ガスの製造をする第一種製造者（認定保安検査実施者である者を除く）が受ける保安検査について正しいものはどれか．

イ．保安検査は，特定施設が製造施設の位置，構造及び設備に係る定められた技術上の基準に適合しているかどうかについて行われる．

ロ．保安検査は，高圧ガスの製造の方法が所定の技術上の基準に適合しているかどうかについて行われる．

ハ．保安検査は，都道府県知事，高圧ガス保安協会又は指定保安検査機関が行うものであって，3年以内に少なくとも1回以上行われる．

ニ．特定施設について高圧ガス保安協会が行う保安検査を受け，その旨を都道府県知事に届け出た場合は，都道府県知事が行う保安検査を受ける必要はない．

ホ．製造施設のうち認定指定設備である部分は，保安検査を受けなくてよい．

ヘ．保安検査を冷凍保安責任者に行わせなければならない．

ト．高圧ガス保安協会が行う保安検査を受けた場合，高圧ガス保安協会がその検査結果を都道府県知事に報告することとなっているので，その保安検査を受けた旨を都道府県知事に届ける必要はない．

● 解説 ●

イ…正　記述のとおり．

ロ…誤

　保安検査は，製造のための施設の位置，構造及び設備が技術上の基準に適合しているかどうかについて行われる．

ハ…正　記述のとおり．

ニ…正　記述のとおり．

ホ…正

　認定指定設備の部分については，保安検査の対象施設から除かれている．

ヘ…誤

　保安検査は，都道府県知事，高圧ガス保安協会又は指定保安検査機関が行うものである．

ト…誤

　高圧ガス保安協会が行う保安検査を受け，その旨を都道府県知事に届け出た場合に，都道府県知事が行う保安検査を受けなくてもよい．

実践問題（33）

問　次のイ，ロ，ハの記述のうち，冷凍のため高圧ガスの製造をする第一種製造者（認定保安検査実施者である者を除く）が受ける保安検査について正しいものはどれか．
　　最も適切な答えを（1），（2），（3），（4），（5）の選択肢の中から 1 個選びなさい．
イ．保安検査は，高圧ガスの製造の方法が所定の技術上の基準に適合しているかどうかについて行われる．
ロ．特定施設について高圧ガス保安協会が行う保安検査を受け，その旨を都道府県知事に届け出た場合は，都道府県知事が行う保安検査を受ける必要はない．
ハ．保安検査を冷凍保安責任者に行わせなければならない．

(1) ロ　(2) ハ　(3) イ，ロ　(4) イ，ハ　(5) イ，ロ，ハ

〈解説〉
イ…誤
　保安検査は，特定施設が製造のための施設の位置，構造及び設備が所定の技術上の基準に適合しているかどうかについて行われる．
ロ…正
　第一種製造者は，特定施設について，定期に，都道府県知事が行う保安検査を受けなければならない．ただし，協会又は指定保安検査機関が行う保安検査を受け，その旨を都道府県知事に届け出た場合は，この限りでない．
ハ…誤
　製造施設について，定期に都道府県知事が行う保安検査を受けなければならないが，選任した冷凍保安責任者にその保安検査の実施について監督などを行わせなければならないという定めはない．

正解　(1) ロ

[3-4 保安検査]　127

実践問題（34）

問　次のイ，ロ，ハの記述のうち，冷凍のため高圧ガスの製造をする第一種製造者（認定保安検査実施者である者を除く）が受けるべき保安検査について正しいものはどれか．
　最も適切な答えを (1)，(2)，(3)，(4)，(5) の選択肢の中から 1 個選びなさい．

イ．保安検査は，都道府県知事，高圧ガス保安協会又は指定保安検査機関が行うものであって，3 年以内に少なくとも 1 回以上行われる．
ロ．製造施設のうち，認定指定設備に係る部分については，保安検査を受けることを要しない．
ハ．製造施設について定期に保安のための自主検査を行い，これが所定の技術上の基準に適合していることを確認した記録を都道府県知事に届け出た場合は，都道府県知事，高圧ガス保安協会又は指定保安検査機関が行う保安検査を受ける必要はない．

(1) イ　(2) ハ　(3) イ，ロ　(4) ロ，ハ　(5) イ，ロ，ハ

〈解説〉
イ…正
　第一種製造者は，特定施設について，定期（3 年以内に少なくとも 1 回以上）に，都道府県知事，高圧ガス保安協会又は指定保安検査機関が行う保安検査を受けなければならないと定められている．
ロ…正
　製造施設のうち，認定指定設備に係る部分については，保安検査の対象施設から除かれている．
ハ…誤
　第一種製造者は，製造施設について定期に都道府県知事が行う保安検査を受けなければならない．ただし，協会又は指定保安検査機関が行う保安検査を受け，その旨を都道府県知事に届け出た場合はこの限りでないと定められている．定期自主検査とは関係しない．

正解　(3) イ，ロ

3-5 定期自主検査

要点整理

○ 定期自主検査の規定
- 製造施設の位置，構造及び設備が技術上の基準に適合していることの**自主検査**を行う．
- 製造施設の**冷凍保安責任者**などの現場責任者が行う．
- **1年に1回以上**行う
- 定期自主検査の検査記録を作成し，これを**保存する**．

```
保安検査
  ○ 第一製造者の特定施設
  ○ 届出
  ○ 3年以内に1回以上

定期自主検査
  ○ 冷凍保安責任者に自主検査の実施監督
  ○ 自主検査
  ○ 1年に1回以上
```

図3.5 保安検査と定期自主検査

表3.5 定期自主検査実施一覧表

		法定冷凍トン		3	5	20	50	60 〔トン〕
フルオロカーボン	不活性ガス	通常	事業者の区分	適用除外	その他の製造者	第二種製造者	第一種製造者	
			定期自主検査				実施	
		ユニット型	事業者の区分	適用除外	その他の製造者	第二種製造者	第一種製造者	
			定期自主検査				実施	
		認定指定設備	事業者の区分				第二種製造者	
			定期自主検査				実施	
	不活性以外のガス	通常	事業者の区分	適用除外	その他の製造者	第二種製造者	第一種製造者	
			定期自主検査				実施	
アンモニア		通常	事業者の区分	適用除外	その他の製造者	第二種製造者	第一種製造者	
			定期自主検査				実施	
		ユニット型	事業者の区分	適用除外	その他の製造者	第二種製造者	第一種製造者	
			定期自主検査				実施	
その他のガス（ヘリウム，プロパン，二酸化炭素など）			事業者の区分	適用除外	第二種製造者		第一種製造者	
			定期自主検査				実施	

1. 定期自主検査の規定（法第 35 条の 2）

・定期自主検査を行ったときは，検査記録を作成し保存しなければならないが，都道府県知事に届け出る必要はない．

定期自主検査は，製造施設の冷凍保安責任者など現場責任者が，自ら定期的に設備の点検などを行う検査で，**製造施設の位置，構造及び設備が所定の技術上の基準（耐圧試験に係るものを除く）に適合しているかどうか**について行われる．

次の者は，**定期**に，保安のための**自主検査を行い**，その**検査記録を作成し**，これを**保存**しなければならない．

- 第一種製造者
- 認定指定設備を使用する第二種製造者
- 1 日の冷凍能力が 20 トン以上である不活性以外のフルオロカーボン，アンモニアを冷媒ガスとする第二種製造者
- 1 日の冷凍能力が 50 トン以上であるユニット型設備を使用する第二種製造者
- 特定高圧ガス製造者

2. 定期自主検査を行う製造施設等（冷凍則第 44 条）

(1) 第一種製造者，第二種製造者が行う製造設備の自主検査は，**高圧ガスの製造施設の位置，構造及び設備が所定の技術上の基準（耐圧試験に係るものを除く）に適合しているかどうか**について，**1 年に 1 回以上**行わなければならない．

(2) あらかじめ選任した**冷凍保安責任者**に**自主検査の実施について監督**を行わせなければならない．

(3) 検査記録に次に掲げる事項を記載しなければならない．
 ① 検査をした製造施設
 ② 検査をした製造施設の設備ごとの検査方法及び結果
 ③ 検査年月日
 ④ 検査の実施について監督を行った者の氏名

3. 電磁的方法による保存（冷凍則第44条の2）

・**電磁的方法**とは，電子的方法，磁気的方法などをいう．

(1) 定期自主検査の検査記録は，**電磁的方法**により記録することにより作成し，保存することができる．
(2) 検査記録が必要に応じ電子計算機などの機器を用いて直ちに表示できるようにしておかなければならない．

資 料

表 3.6　冷媒ガス種別規制体系一覧表

冷媒ガス	区分	事業者の区分	～3トン	～5トン	～20トン	～50トン	～60トン～
フルオロカーボン 不活性ガス	通常	事業者の区分	適用除外	その他の製造者		第二種製造者	第一種製造者
		冷凍保安責任者					選任（R114は除く）
		保安検査					受検（R114は除く）
		保安教育計画					制定
		保安教育				実施	実施
		定期自主検査					実施
		危害予防規定					制定
	ユニット型	事業者の区分	適用除外	その他の製造者		第二種製造者	第一種製造者
		保安検査					受検（R114は除く）
		保安教育計画					制定
		保安教育				実施	実施
		定期自主検査					実施
		危害予防規定					制定
	認定指定設備	事業者の区分					第一種製造者
		保安教育					実施
		定期自主検査					実施
フルオロカーボン 不活性以外のガス	通常	事業者の区分	適用除外	その他の製造者	第二種製造者		第一種製造者
		冷凍保安責任者					選任
		保安検査					受検
		保安教育計画					制定
		保安教育			実施		実施
		定期自主検査					実施
		危害予防規定					制定
アンモニア	通常	事業者の区分	適用除外	その他の製造者	第二種製造者		第一種製造者
		冷凍保安責任者					選任
		保安検査					受検
		保安教育計画					制定
		保安教育			実施		実施
		定期自主検査					実施
		危害予防規定					制定
	ユニット型	事業者の区分	適用除外	その他の製造者	第二種製造者		第一種製造者
		保安検査					受検
		保安教育計画					制定
		保安教育			実施		実施
		定期自主検査					実施
		危害予防規定					制定
その他のガス（ヘリウム，プロパン，二酸化炭素など）		事業者の区分	適用除外		第二種製造者		第一種製造者
		冷凍保安責任者					選任（ユニット型は除く）
		保安検査					受検（ヘリウムは除く）
		保安教育計画					制定
		保安教育			実施		実施
		定期自主検査					実施
		危害予防規定					制定

チェック1 ✓

次の記述のうち，冷凍のため高圧ガスの製造をする第一種製造者が行う定期自主検査について正しいものはどれか．

イ．定期自主検査は，製造施設の位置・構造及び設備が所定の技術上の基準（耐圧試験に係るものを除く）に適合しているかどうかについて行わなければならない．
ロ．定期自主検査は，製造の方法が技術上の基準に適合しているかどうかについて行わなければならない．
ハ．定期自主検査は，製造施設について1年に1回以上行わなければならない．
ニ．製造施設のうち認定指定設備である部分については，定期自主検査を行わなくてよい．
ホ．製造施設について保安検査を受け，かつ，所定の技術上の基準に適合していると認められたときは，その翌年の定期自主検査を行わなくてよい．
ヘ．冷凍保安責任者を選任している第一種製造者は，定期自主検査を行うときには，その冷凍保安責任者にその実施について監督を行わせなければならない．
ト．定期自主検査は，製造施設の位置，構造及び設備が技術上の基準に適合しているかどうかについて行わなければならないが，耐圧試験に係るものについては行わなくてもよい．

●解説●

イ…正　記述のとおり．

ロ…誤
　定期自主検査は，製造施設の位置，構造及び設備が所定の技術上の基準に適合しているかどうかについて行われる．

ハ…正　記述のとおり．

ニ…誤
　定期自主検査について，認定指定設備に係る部分についての除外規定はない．

ホ…誤
　定期自主検査は，特に保安検査を受けることによる除外規定はなく，1年に1回以上のを行わなければならない．

ヘ…正　記述のとおり．

ト…正　記述のとおり．

チェック2 ☑

次の記述のうち,冷凍のため高圧ガスの製造をする第一種製造者が行うべき定期自主検査について正しいものはどれか.

イ.定期自主検査は,この製造施設が,その位置,構造及び設備の技術上の基準(耐圧試験に係るものを除く)に適合しているかどうかについて,1年に1回以上行わなければならない.

ロ.製造施設の定期自主検査を実施するとき,冷凍保安責任者が旅行で不在のため,その実施の監督をさせることができなかったので,冷凍保安責任者の代理者にその監督をさせた.

ハ.定期自主検査の検査記録は,電磁的方法で記録することにより作成し,保存することができるが,その記録が必要に応じ電子計算機その他の機器を用いて直ちに表示されることができるようにしておかなければならない.

ニ.定期自主検査の検査記録に記載すべき事項の一つに,検査をした製造施設の設備ごとの検査方法及び結果がある.

ホ.定期自主検査を実施したときは,検査の実施について監督を行った者の氏名も検査記録に記載しなければならない.

ヘ.製造施設の定期自主検査について冷凍保安責任者にその実施の監督をさせた場合には,その検査記録を作成しなくてよい.

ト.定期自主検査を行ったときは,その検査記録を作成し,遅滞なく,これを都道府県知事に届け出なければならない.

●解説●

イ…正　記述のとおり.

ロ…正　記述のとおり.

ハ…正　記述のとおり.

ニ…正　記述のとおり.

ホ…正　記述のとおり.

ヘ…誤

　冷凍保安責任者に定期自主検査の実施の監督を行わせなければならないが,特にその検査記録の除外規定はない.

ト…誤

　定期自主検査を行ったときは,その検査記録を作成し,これを保存しなければならないが,都道府県知事に届け出る必要がない.

実践問題（35）

問　次のイ，ロ，ハの記述のうち，冷凍のため高圧ガスの製造をする第一種製造者が行う定期自主検査について正しいものはどれか．
　最も適切な答えを (1), (2), (3), (4), (5) の選択肢の中から1個選びなさい．
イ．定期自主検査は，製造施設の位置，構造及び設備が所定の技術上の基準（耐圧試験に係るものを除く）に適合しているかどうかについて行わなければならない．
ロ．製造施設について保安検査を受け，かつ，所定の技術上の基準に適合していると認められたときは，その翌年の定期自主検査を行わなくてよい．
ハ．製造施設の定期自主検査について冷凍保安責任者にその実施の監督をさせた場合には，その検査記録を作成しなくてよい．

(1) イ　(2) ハ　(3) イ, ロ　(4) ロ, ハ　(5) イ, ロ, ハ

〈解説〉
イ…正
　第一種製造者は，製造施設の位置，構造及び設備が所定の技術上の基準（耐圧試験に係るものを除く）に適合しているかどうかについて，1年に1回以上行わなければならないと定められている．
ロ…誤
　第一種製造者は，1年に1回以上の定期自主検査を行わなければならない．特に保安検査を受けることによる除外規定はない．
ハ…誤
　冷凍保安責任者に，製造施設の定期自主検査の実施の監督を行わせ，その検査記録を作成し，これを保存しなければならないと定められている．特にその検査記録の除外規定はない．

正解　(1) イ

実践問題（36）

問　次のイ，ロ，ハの記述のうち，**冷凍のため高圧ガスの製造をする第一種製造者が行う定期自主検査**について正しいものはどれか．
　最も適切な答えを（1），（2），（3），（4），（5）の選択肢の中から1個選びなさい．
イ．定期自主検査は，製造施設について1年に1回以上行わなければならない．
ロ．製造施設のうち認定指定設備である部分については，定期自主検査を行わなくてよい．
ハ．定期自主検査を行ったときは，その検査記録を作成し，遅滞なく，これを都道府県知事に届け出なければならない．

　（1）イ　　（2）ハ　　（3）イ，ロ　　（4）ロ，ハ　　（5）イ，ロ，ハ

〔解説〕
イ…正
　第一種製造者は，製造施設の位置，構造及び設備が所定の技術上の基準（耐圧試験に係るものを除く）に適合しているかどうかについて，1年に1回以上行わなければならないと定められている．
ロ…誤
　定期自主検査について，認定指定設備に係る部分についての除外はなく，1年に1回以上行わなければならない．
ハ…誤
　定期自主検査を行ったときは，その検査記録を作成し，これを保存しなければならないが，都道府県知事に届け出ることは定められていない．

正解　（1）イ

[3-5 定期自主検査]

実践問題（37）

問　次のイ，ロ，ハの記述のうち，冷凍のため高圧ガスの製造をする第一種製造者が行う定期自主検査について正しいものはどれか．
　最も適切な答えを (1)，(2)，(3)，(4)，(5) の選択肢の中から 1 個選びなさい．
イ．定期自主検査は，製造施設の位置，構造及び設備が所定の技術上の基準に適合しているかどうかについて，3 年に 1 回以上行うことと定められている．
ロ．この事業所の冷凍保安責任者又は冷凍保安責任者の代理者以外の者であっても，所定の製造保安責任者免状の交付を受けている者であれば，定期自主検査の実施について監督を行わせることができる．
ハ．定期自主検査の検査記録に記載すべき事項の一つとして，検査をした製造施設の設備ごとの検査方法及び結果がある．

(1) イ　(2) ハ　(3) イ，ロ　(4) ロ，ハ　(5) イ，ロ，ハ

〈解説〉
イ…誤
　第一種製造者は，製造施設の位置，構造及び設備が所定の技術上の基準（耐圧試験に係るものを除く）に適合しているかどうかについて，1 年に 1 回以上行わなければならないと定められている．
ロ…誤
　「第一種製造者は，定期自主検査を行うときは，その選任した冷凍保安責任者にその自主検査の実施について監督を行わせなければならない．」と定められている．したがって，あらかじめ選任された冷凍保安責任者の代理者以外にその職務の代行をさせることはできない．
ハ…正
　定期自主検査の検査記録に記載すべき事項の一つとして，「検査をした製造施設の設備ごとの検査方法及び結果」と定められている．

正解　(2) ハ

3-6 危険時の措置, 事故届及び火気等の制限

要点整理

○ 危険時の措置及び届出
- 高圧ガス製造施設などが危険状態になったときは, 災害の発生防止のための応急の措置を講じる.
- 危険の事態を発見した者は, 都道府県知事 (又は警察官, 消防吏員, 消防団員, 海上保安官) に届け出る.

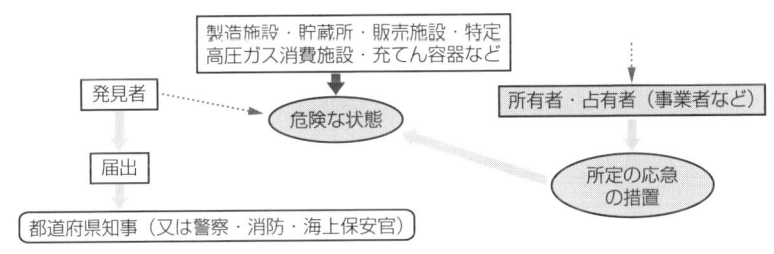

図 3.6 危険時の措置・届出

○ 危険時の応急措置
第一段階
- 応急の措置を行うとともに**製造の作業を中止**する.
- 冷媒設備内のガスを安全な場所に移す (又は大気中に安全に放出する).
- 作業に特に必要な作業員のほかは退避させる.

第二段階
- 従業者又は必要に応じ付近の住民に退避するよう警告.

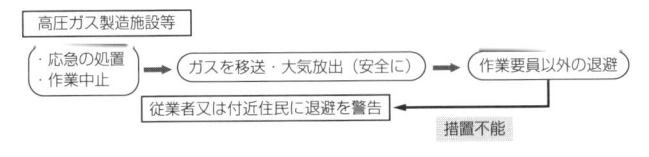

図 3.7 危険時の措置

○ 火気等の制限
- **指定する場所で火気を取り扱ってはならない**.
- 発火しやすい物を携帯して規定する場所に立ち入ってはならない.

1. 危険時の措置及び届出（法第36条）

(1) 高圧ガスの製造施設，貯蔵所，販売施設，特定高圧ガスの消費施設又は高圧ガスを充てんした容器が危険な状態になったときは，**製造施設等の所有者又は占有者**は，直ちに所定の災害の発生防止のための応急の措置（冷凍則第45条）を講じなければならない．

・製造施設の種類による除外規定はない．

(2) (1)の事態を発見した者は，直ちにその旨を**都道府県知事**または**警察官**，**消防吏員**若しくは**消防団員**若しくは**海上保安官**に届け出なければならない．

2. 危険時の応急措置（冷凍則第45条）

災害の発生の防止のための応急の措置は，次に掲げるものである．

① 製造施設が危険な状態になったときは，直ちに，応急の措置を行うとともに**製造の作業を中止**し，**冷媒設備内のガスを安全な場所に移し**，又は**大気中に安全に放出**し，この**作業に特に必要な作業員のほかは退避させる**．

② ①に掲げる措置を講ずることができないときは，従業者又は必要に応じ付近の住民に退避するよう警告する．

3. 火気等の制限（法第37条）

・何人とは，事業所の従業員はもちろんのこと，来客にも適用される．

(1) 何人（なにびと）も，**第一種製造者等が指定する場所で火気を取り扱ってはならない**．

(2) 何人も，第一種製造者等に承諾を得ないで，**発火しやすい物を携帯して**，その事業所内で火気を取り扱ってはならないと指定した場所に立ち入ってはならない．

チェック ✓

次の記述のうち，正しいものはどれか．

イ．「製造施設が危険な状態となったときは，直ちに応急の措置を行うとともに製造の作業を中止し，冷媒設備内のガスを安全な場所に移し，又は大気中に安全に放出し，この作業に特に必要な作業員のほかは退避させること」の定めは，第二種製造者には適用されない．

ロ．製造施設の所有者又は占有者が，その製造施設が危険な状態となったときにとるべき措置の一つとして，直ちに応急の措置を講じることができないときに従業者又は必要に応じ付近の住民に退避するよう警告することが定められている．

ハ．高圧ガスの製造施設が危険な状態となっていることを発見した者は，直ちに，その旨を都道府県知事又は警察官，消防吏員若しくは消防団員若しくは海上保安官に届け出なければならない．

ニ．第一種製造者がその事業所内において指定した場所では，その事業所に選任された冷凍保安責任者を除き，何人も火気を取り扱ってはならない．

ホ．第一種製造者がその事業所において指定する場所では，何人も火気を取り扱ってはならない．また，何人も，その第一種製造者の承諾を得ないで，発火しやすいものを携帯してその場所に立ち入ってはならない．

●解説●

イ…誤

製造施設の種類による除外規定はないので，第二種製造者の製造施設にも適用される．

ロ…正　記述のとおり．

ハ…正　記述のとおり．

ニ…誤

「何人も，第一種製造者等が指定する場所で火気を取り扱ってはならない．」と定められている．したがって，冷凍保安責任者はもちろん，従業員，役員でも指定場所での火気取扱いは禁止である．

ホ…正　記述のとおり．

[3-6 危険時の措置，事故届及び火気等の制限]　139

実践問題（38）

問　次のイ，ロ，ハの記述のうち，冷凍のため高圧ガスの製造をする第一種製造者について正しいものはどれか．
　　最も適切な答えを（1），（2），（3），（4），（5）の選択肢の中から1個選びなさい．

イ．その所有又は占有する製造施設が危険な状態になったとき，直ちに，応急の借置を行わなければならないが，その措置を講ずることができないときは，従業者又は必要に応じ付近の住民に退避するよう警告しなければならない．
ロ．その製造のための施設が危険な状態となっている事態を発見した者は，直ちにその旨を都道府県知事又は警察官，消防吏員若しくは消防団員若しくは海上保安官に届け出なければならない．
ハ．この事業者が指定した場所には，その従業者を除き，何人もこの事業者の承諾を得ないで発火しやすい物を携帯して立ち入ってはならない．

（1）イ　（2）ハ　（3）イ，ロ　（4）ロ，ハ　（5）イ，ロ，ハ

〈解説〉
イ…正
　その所有又は占有する製造施設が危険な状態になったとき，直ちに，応急の借置を行わなければならないが，「災害の発生の防止のための応急の措置を講ずることができないときは，従業者又は必要に応じ付近の住民に退避するよう警告すること．」と定められている．
ロ…正
　「前項の事態（製造施設等が危険な状態となっている事態）を発見した者は，直ちに，その旨を都道府県知事又は警察官，消防吏員若しくは消防団員若しくは海上保安官に届け出なければならない．」と定められている．
ハ…誤
　「何人も，事業者の承諾を得ないで，発火しやすい物を携帯して，事業者が規定規定する場所に立ち入ってはならない．」と定められている．なお，何人とは，事業所の従業員はもちろんのこと，来客にも適用される．

正解　（3）イ，ロ

実践問題（39）

問　次のイ，ロ，ハの記述のうち，冷凍のため高圧ガスの製造をする第二種製造者について正しいものはどれか．
最も適切な答えを (1), (2), (3), (4), (5) の選択肢の中から1個選びなさい．

イ．「製造施設が危険な状態となったときは，直ちに応急の措置を行うとともに製造の作業を中止し，冷媒設備内のガスを安全な場所に移し，又は大気中に安全に放出し，この作業に特に必要な作業員のほかは退避させること」の定めは，第二種製造者には適用されない．

ロ．第二種製造者がその事業所内で火気を取り扱ってはならないと指定した場所には，その事業所の従業者であってもこの事業者の承諾を得ることなしに発火しやすい物を持って立ち入ることは禁じられている．

ハ．すべての第二種製造者は，冷凍保安責任者を選任する必要はない．

(1) イ　　(2) ロ　　(3) イ，ロ　　(4) ロ，ハ　　(5) イ，ロ，ハ

〈解説〉
イ…誤
　「高圧ガスの製造施設，貯蔵所，販売施設，特定高圧ガスの消費施設又は高圧ガスを充てんした容器が危険な状態となったときは，高圧ガスの製造施設，貯蔵所，販売施設，特定高圧ガスの消費施設又は高圧ガスを充てんした容器の所有者又は占有者は，直ちに，所定の災害の発生の防止のための応急措置を講じなければならない．」と定められている．したがって，第二種製造者の製造施設も，危険時の措置を講じなければならない．

ロ…正
　「何人も，事業者の承諾を得ないで，発火しやすい物を携帯して，事業者が規定規定する場所に立ち入ってはならない．」と定められている．

ハ……誤
　不活性以外のフルオロカーボン及びアンモニアを冷媒ガスとする1日の冷凍能力が20トン以上の冷凍設備を使用して高圧ガスの製造をする第二種製造者は，その事業所ごとに冷凍保安責任者及びその代理者を選任しなければならない．

正解　(2) ロ

3-7 帳簿，事故届等

要点整理

○ 帳簿
　第一種製造者は，事業所ごとに帳簿を備え，所定の事項を記載し，保存しなければならない．
　〈製造施設に異常があった場合〉
　　① 記載事項　・異常があった年月日
　　　　　　　　・異常に対してとった措置
　　② 保存期間　記載の日から 10 年間保存

○ 事故届
　高圧ガス取扱者は，高圧ガス又は容器に事故があった場合，**遅滞なく**，その旨を**都道府県知事又は警察官**に届け出なければならない．

第一種製造者・第二種製造者・販売業者・貯蔵をする者・消費をする者・容器の販売者・容器の輸入者・その他高圧ガス又は容器の取扱者

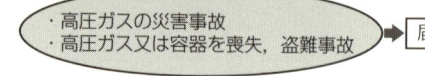

・高圧ガスの災害事故
・高圧ガス又は容器を喪失，盗難事故
　→ 届出 → 都道府県知事又は警察官

図 3.8　事故届

○ 現状変更の禁止
　高圧ガスによる災害が発生したときは，やむを得ない場合を除き，経済産業大臣，都道府県知事又は警察官の指示なく，その現状を変更してはならない．

1. 帳簿（法第 60 条）

・帳簿についての規程では，第二種製造者が除かれていることに注意する．

　第一種製造者，第一種貯蔵所又は第二種貯蔵所の所有者又は占有者，販売業者，容器製造業者及び容器検査所の登録を受けた者は，所定の**帳簿を備え**，高圧ガス若しくは容器の製造，販売若しくは出納又は容器再検査若しくは附属品再検査について，所定の事項を記載し，これを保存しなければならない．

2. 帳簿に記載する事項と保存（冷凍則第 65 条）

第一種製造者は，事業所ごとに，次の事項を記載した帳簿を備え，記載の日から **10 年間保存**しなければならない．
- 製造施設に**異常があった年月日**
- それに対してとった**措置**

表 3.7　第一種製造者の帳簿

記載すべき場合	記載すべき事項	保存期間
高圧ガスを容器に充てんした場合（車両に固定された容器に車両の燃料として高圧ガスを充てんした場合を除く）	・充てん容器の記号及び番号 ・充てん年月日 ・高圧ガスの種類 ・充てん圧力（液化ガス以外） ・充てん質量（液化ガスのみ）	2 年間
高圧ガスを容器により授受した場合	・充てん容器の記号及び番号 ・授受先・授受年月日 ・高圧ガスの種類 ・充てん圧力（液化ガス以外） ・充てん質量（液化ガスのみ）	2 年間
製造施設に異常があった場合	・異常があった年月日 ・異常に対してとった措置	10 年間

3. 事故届（法第 63 条）

第一種製造者，第二種製造者，販売業者，高圧ガスを貯蔵し，又は消費する者，容器製造業者，容器の輸入をした者その他高圧ガス又は容器を取り扱う者は，次に掲げる場合は，**遅滞なく，その旨を都道府県知事又は警察官に届け出**なければならない．
① その所有し，又は占有する高圧ガスについて**災害が発生**したとき．
② その所有し，又は占有する**高圧ガス又は容器を喪失し，又は盗まれたとき**．

・事故届の「容器」は，高圧ガスを充てんしていない未使用のものも含む．

4. 現状変更の禁止（法第 64 条）

何人も，高圧ガスによる災害が発生したときは，交通の確保その他公共の利益のため**やむを得ない場合を除き**，経済産業大臣，都道府県知事又は警察官の指示なく，その現状を変更してはならない．

チェック ✓

次の記述のうち，正しいものはどれか．
イ．第一種製造者は，事業所ごとに帳簿を備え，その製造施設に異常があった場合，異常があった年月日及びそれに対してとった措置をその帳簿に記載し，記載の日から10年間保存しなければならない．
ロ．第一種製造者は，その製造施設に異常があったのでその年月日及びそれに対してとった措置を帳簿に記載し，これを保存していたが，記載後2年経過してもその製造施設に異常がなかったので，その時点でその帳簿を廃棄した．
ハ．製造施設に異常があった年月日及びそれに対してとった措置を記載した帳簿を，次回の保安検査実施日まで保存すればよい．
ニ．第一種製造者は，占有するフルオロカーボン134aの充てん容器を盗まれたときは，遅滞なく，その旨を都道府県知事又は警察官に届け出なければならない．
ホ．高圧ガスを充てんした容器の所有者は，その容器に充てんした高圧ガスについて災害が発生したときは，遅滞なく，その旨を都道府県知事又は警察官に届け出なければならないが，高圧ガスが充てんされていない容器を喪失したときは，その旨を都道府県知事又は警察官のいずれにも届け出なくてよい．
ヘ．何人も，高圧ガスによる災害が発生したときは，特に定められた場合を除き，経済産業大臣，都道府県知事又は警察官の指示なく，その現状を変更してはならない．

● 解説 ●

イ…正　記述のとおり．
ロ，ハ…誤
　製造施設に異常があった年月日及びそれに対してとった措置を記載した帳簿を備え，記載の日から10間保存しなければならない．
ニ…正
　フルオロカーボン134aの充てん容器であっても，容器が盗まれたときは，遅滞なく，その旨を都道府県知事又は警察官に届け出なければならない．
ホ…誤
　事故届の「容器」は，高圧ガスを充てんしていないものも含まれるので，容器を喪失した旨を都道府県知事又は警察官のいずれにも届け出なくてはならない．
ヘ…正　記述のとおり．

実践問題（40）

問　次のイ，ロ，ハの記述のうち，冷凍のため高圧ガスの製造をする第一種製造者について正しいものはどれか．
　最も適切な答えを（1），（2），（3），（4），（5）の選択肢の中から1個選びなさい．

イ．帳簿を備え，その製造施設に異常があったとき，その年月日及びそれに対してとった措置をその帳簿に記載し，記載の日から10年間これを保存しなければならない．

ロ．所有し，又は占有する製造施設の高圧ガスについて災害が発生したときは，遅滞なく，その旨を都道府県知事又は警察官に届け出なければならないが，所有し，又は占有する容器（高圧ガスを充てんするためのもの）を盗まれたときにその旨を都道府県知事又は警察官に届け出るべき定めはない．

ハ．高圧ガスを取り扱う施設等が危険な状態となったとき，直ちに応急の措置を講じなければならないのは，第一種製造者の製造施設に限られる．

（1）イ　（2）ハ　（3）イ，ロ　（4）ロ，ハ　（5）イ，ロ，ハ

〈解説〉
イ…正
　「第一種製造者は，事業所ごとに，製造施設に異常があった年月日及びそれに対してとった措置を記載した帳簿を備え，記載の日から10年間保存しなければならない．」と定められている．

ロ…誤
　第一種製造者は，その所有し，又は占有する高圧ガス又は容器を喪失し，又は盗まれたときは，遅滞なく，その旨を都道府県知事又は警察官に届け出なければならないと定められている．

ハ…誤
　「高圧ガスの製造のための施設，貯蔵所，販売のための施設，特定高圧ガスの消費のための施設又は高圧ガスを充てんした容器等が危険な状態となったときは，所有者又は占有者は，直ちに，応急の措置を講じなければならない．」と定められている．したがって，高圧ガスを取り扱う施設等が危険な状態となったとき，直ちに応急の措置を講じなければならないのは，第一種製造者の製造施設に限られてはいない．

正解　（1）イ

[3-7 帳簿，事故届等]

実践問題(41)

問 次のイ,ロ,ハの記述のうち,冷凍のため高圧ガスの製造をする第一種製造者について正しいものはどれか.
最も適切な答えを (1),(2),(3),(4),(5) の選択肢の中から 1 個選びなさい.

イ.製造施設に異常があった年月日及びそれに対してとった措置を記載した帳簿を事業所ごとに備え,これを記載の日から次回の保安検査の実施日まで保存しなければならないと定められている.
ロ.その所有又は占有する製造施設の高圧ガスについて災害が発生したときは,遅滞なく,その旨を都道府県知事又は警察官に届け出なければならない.
ハ.高圧ガスの製造施設が危険な状態になったときは,直ちに,都道府県知事又は警察官,消防吏員若しくは消防団員若しくは海上保安管に届け出なければならないが,応急の措置を講ずべき定めはない.

(1) イ　(2) ロ　(3) イ,ロ　(4) ロ,ハ　(5) イ,ロ,ハ

〈解説〉
イ…誤
「第一種製造者は,事業所ごとに,製造施設に異常があった年月日及びそれに対してとった措置を記載した帳簿を備え,記載の日から 10 年間保存しなければならない.」と定められている.
ロ…正
第一種製造者は,その所有し,又は占有する高圧ガスについて災害が発生したときは,遅滞なく,その旨を都道府県知事又は警察官に届け出なければならないと定められている.
ハ…誤
高圧ガスの製造施設が危険な状態になったときは,その製造施設の所有者又は占有者等は,直ちに,災害発生の防止のための応急措置を講じなければならない.又,この危険な事態を発見した者は,直ちに,その旨を都道府県知事又は警察官,消防吏員若しくは消防団員若しくは海上保安官に届け出なければならないと定められている.

正解 (2) ロ

4章

容器等

4-1 容器検査等

要点整理

○ 容器検査，附属品検査

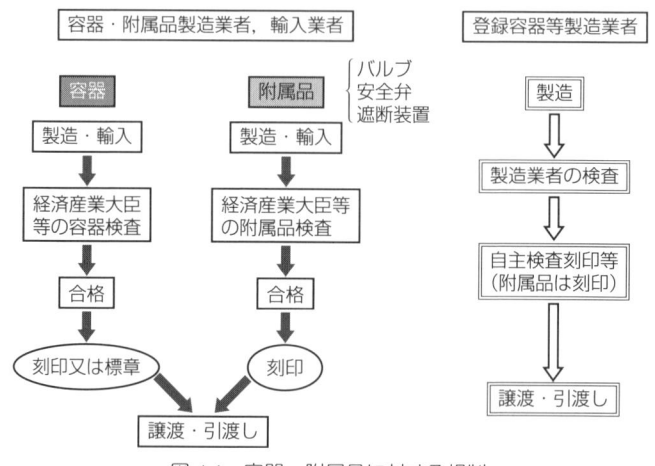

図 4.1 容器・附属品に対する規制

○ 容器再検査

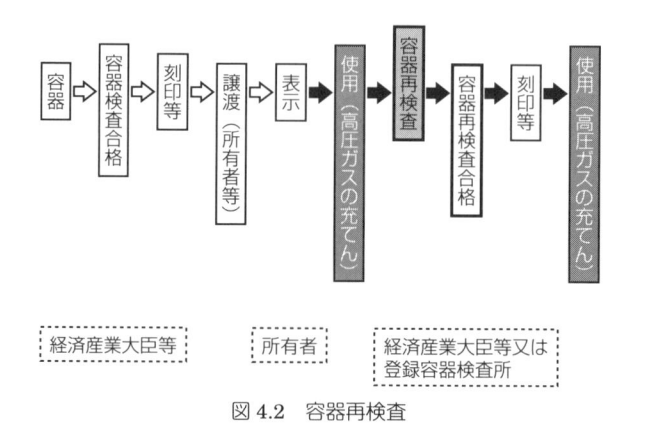

図 4.2 容器再検査

○ 容器再検査の期間

表 4.1　主な容器の再検査期間

区　分	製造後の経過年数	容器再検査の期間
溶接容器	20年未満	5年
溶接容器	20年以上	2年
一般継目なし容器	－	5年
一般複合容器	－	3年

○ 高圧ガスの充てん
〈高圧ガスを充てんする容器の規定〉
・容器検査に合格し，**刻印等又は自主検査刻印等**がされているもの
・所定の表示されているもの
・期間を経過した**容器又は損傷を受けた容器**は，**容器再検査**に合格し，**容器刻印等**がされているもの

〈容器に充てんする高圧ガスの規定〉
刻印又は自主検査刻印に示された**種類の高圧ガス**であって，
・圧縮ガス…最高充てん圧力以下
・液化ガス…刻印，自主検査刻印で示された内容積に応じて計算した質量以下

○ 容器及び附属品のくず化その他の処分
規格に適合しない容器及び附属品は，くず化し，使用できないようにしなければならない．

1. 容器検査（法第44条）

(1) 容器の**製造又は輸入**をした者は，経済産業大臣，協会又は指定容器検査機関（経済産業大臣が指定する者）が行う**容器検査**を受け，これに合格したものとして**刻印又は標章の掲示**（刻印等）がされているものでなければ，その**容器を譲渡し，又は引き渡してはならない**．
ただし，次に掲げる容器については，この限りでない．
① 登録容器製造業者が製造した容器であって，**刻印又は標章の掲示**がされているもの．
② 輸出その他の用途に供するもの．
③ 輸入された容器で，高圧ガスを充てんしてあるもの．
(2) 容器検査を受けようとする者は，容器に充てんしようとする高圧ガスの種類及び**圧力**を明らかにしなければなら

・**標章の掲示**
プレートに所定の事項を打刻したものを取れないように容器の肩部などに溶接などをすることである．

・輸入した充てん容器は，法第22条の輸入検査の受検になる．

[4-1 容器検査等]　149

ない.
(3) 再充てん禁止容器について，容器検査を受けようとする者は，その容器が再充てん禁止容器である旨を明らかにしなければならない．
(4) 容器検査においては，その容器が所定の高圧ガスの種類及び圧力の大きさ別の容器の規格に適合するときは，これを合格とする．
(5) 何人も，容器に，所定の刻印又は標章の掲示と紛らわしい刻印又は標章の掲示をしてはならない．

> ・再充てん禁止容器
> 高圧ガスを一度充てんした後再度高圧ガスを充てんすることができないものとして製造された容器．

2. 容器再検査（法第 49 条）

容器が容器検査又は前回の容易再検査の後，**一定期間を経過**したとき及び容器が損傷を受けたときに，容器の安全性を確認するために行う容器再検査は，次のように規定されている．

(1) 容器再検査は，経済産業大臣，協会，指定容器検査機関又は経済産業大臣が行う容器検査所の登録を受けた者が所定の方法により行う．
(2) 容器再検査においては，その容器が所定の高圧ガスの種類及び圧力の大きさ別の規格に適合しているときは，これを合格とする．
(3) 経済産業大臣，協会，指定容器検査機関又は容器検査所の登録を受けた者は，容器が容器再検査に合格した場合において，速やかに，所定の刻印をしなければならない．又，刻印をすることが困難なものとして定める容器には標章の掲示をしなければならない．
(4) 何人も，容器に，所定の刻印又は標章の掲示と紛らわしい刻印又は標章の掲示をしてはならない．
(5) 容器検査所の登録を受けた者が容器再検査を行うべき場所は，その登録を受けた容器検査所とする．

3. 容器再検査の期間（容器則第 24 条）

容器は，次の所定の期間ごとに再検査を受ける必要がある．

① 溶接容器等（溶接容器，超低温容器及びろう付け容器）については，経過年数（製造した後の経年数）20年未満のものは5年，20年以上のものは2年
② 一般継目なし容器については，経過年数5年
③ 一般複合容器については，経過年数3年

4. 附属品検査（法49条の2）

附属品（バルブその他の容器の附属品）の製造又は輸入をした者は，経済産業大臣，協会又は指定容器検査機関が所定の附属品検査を受け，これに合格したものとして所定の刻印がされているものでなければ，附属品を譲渡し，又は引き渡してはならない．

・附属品再検査の期間は，容器に装置されているものと容器に装置されていないものに大別されてその期間が定められている．

5. 高圧ガスの充てん（法第48条抜粋）

(1) 高圧ガスを充てんする容器の規定

高圧ガス容器（再充てん禁止容器を除く）は，次のいずれにも該当するものでなければならない．
① 容器検査に合格し，所定の**刻印等**（刻印又は標章）又は**自主検査刻印等**がされていること．
② 所定の表示をしてあるものであること．
③ 附属品検査に合格し刻印がされているバルブ等の附属品を装置してあること．
④ 容器検査若しくは容器再検査を受けた後，所定の**期間を経過した容器**又は損傷を受けた**容器**は，**容器再検査を受**け，これに合格し，容器に所定の**刻印又は標章の掲示**がされているものであること．

(2) 再充てん禁止容器の規定

高圧ガスを充てんした再充てん禁止容器及び高圧ガスを充てんして輸入された再充てん禁止容器には，再度高圧ガスを充てんしてはならない．

(3) 容器に充てんする高圧ガスの規定

容器に充てんする高圧ガスは，刻印又は自主検査刻印に示さ

れた種類の高圧ガスである．

- 圧縮ガスにあっては，刻印又は自主検査刻印において示された**最高充てん圧力**（記号：**FP**）以下のものである．
- 液化ガスにあっては，所定の**方法**（容器則第 22 条）により，刻印，自主検査刻印で示された**内容積**に応じて計算した質量以下のものであること．

6. 液化ガスの質量の計算方法（容器則第 22 条）

液化ガスの充てんは，次の式で計算した質量以下で行う．

$$液化ガスの質量\ G = \frac{V}{C}\ [\text{kg}]$$

V：容器の内容積〔ℓ〕

C：容器保安規則で定める液化ガスの種類に応じた値〔ℓ/kg〕

・液化ガスにあっては，刻印等により最高充てん質量の数値の刻印はされない．高圧ガスの種類と容器の内容積に応じて所定の計算による数値以下で充てんしなければならないと定められている．

7. 容器に充てんする高圧ガスの種類又は圧力の変更（法第 54 条）

(1) 容器の所有者は，その容器に充てんしようとする高圧ガスの**種類又は圧力**を変更しようとするときは，刻印等をすべきことを**経済産業大臣，協会又は指定容器検査機関**に申請しなければならない．

(2) 経済産業大臣，協会又は指定容器検査機関は，規定による申請があった場合において，変更後においてもその容器が所定の規格に適合すると認めるときは，速やかに，刻印等をしなければならない．この場合において，経済産業大臣，協会又は指定容器検査機関は，その容器にされていた**刻印等を抹消**しなければならない．

(3) 規定による申請をした者は，所定の刻印等がされたときは，遅滞なく，その容器に，所定の表示をしなければならない．

・容器の所有者は，所定の手続きをすれば，容器に充てんする高圧ガスの種類や圧力を変更することができる．

8. 容器及び附属品のくず化その他の処分

規格に適合しない容器及び附属品は，くず化し，使用できないようにしなければならない．

・不合格になった容器に高圧ガスを充てんした場合，重大事故につながるおそれがある．

(1) 経済産業大臣は，**容器検査に合格しなかった容器**がこれに充てんする高圧ガスの種類又は圧力を変更しても規格に適合しないと認めるときは，その所有者に対し，これをくず化し，その他容器として使用することができないように**処分**すべきことを命ずることができる．

(2) 協会又は指定容器検査機関は，その行う容器検査に合格しなかった容器がこれに充てんする高圧ガスの種類又は圧力を変更しても規格に適合しないと認めるときは，遅滞なく，その旨を**経済産業大臣に報告**しなければならない．

(3) **容器の所有者**は，容器再検査に合格しなかった容器について **3 月以内に規定による刻印等がされなかったときは，遅滞なく，これをくず化し**，その他容器として使用することができないように処分しなければならない．

(4) (1)～(3) の規定は，附属品検査又は附属品再検査に合格しなかった附属品について準用する．

(5) **容器又は附属品の廃棄をする者**は，くず化し，その他容器又は附属品として使用することができないように処分しなければならない．

・くず化その他の処分とは，容器を二つに切断するなどした後加工してもくず化された容器であることが容易に確認できるような処置である．

―― コラム ――

［用語の定義（容器則第 1 条，第 2 条抜粋）］
(1) 容　器
　高圧ガスを充てんするための容器であって地盤面に対して移動することができるもの．なお，移動できないものを貯槽という．
① **継目なし容器**　内面に 0〔Pa〕を超える圧力を受ける部分に溶接部を有しないもの．
② **溶接容器**　耐圧部分に溶接部を有するもの．
③ **超低温容器**　温度が－50〔℃〕以下の液化ガスを充てんすることができる容器であって，断熱材で被覆することにより容器内のガスの温度が常用の温度を超えて，上昇しないような措置を講じてあるもの．
④ **低温容器**　断熱材で被覆し，又は冷凍設備で冷却することにより容器内のガスの温度が常用の温度を超えて上昇しないような措置を講じてある液化ガスを充てんするための容器であって超低温容器以外のもの．

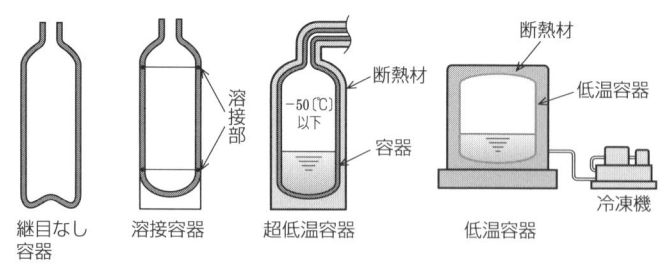

図 4.3　容　器

⑤ **ろう付け容器**　耐圧部分がろう付けにより接合された容器
⑥ **再充てん禁止容器**　高圧ガスを一度充てんした後再度高圧ガスを充てんすることができないものとして製造された容器

(2) 最高充てん圧力

表の容器の区分に応じて，掲げるゲージ圧力．

表 4.2

容器の区分	圧　力
圧縮ガスを充てんする容器	温度 35〔℃〕（アセチレンガスにあっては温度 15〔℃〕）においてその容器に充てんすることができるガスの圧力のうち最高のものの数値

(3) 耐圧試験圧力

次の表の高圧ガスの種類を充てんする容器に応じて，掲げるゲージ圧力．

表 4.3

高圧ガスの種類		圧力（単位：MPa）
圧縮ガス	アセチレンガス	最高充てん圧力の数値の 3 倍
	アセチレンガス以外のガス	最高充てん圧力の数値の 5/3 倍

チェック ☑

次の記述のうち，高圧ガスを充てんする容器（再充てん禁止容器を除く）について正しいものはどれか．

イ．容器検査又は容器再検査を受け，これに合格し所定の刻印等がされた容器（再充てん禁止容器を除く）に高圧ガスを充てんすることができる条件の一つに，その容器が所定の期間を経過していないことがある．

ロ．液化フルオロカーボンを充てんする溶接容器の容器再検査の期間は，その容器の製造後の経過年数に応じて定められている．

ハ．容器検査に合格した容器には，所定の刻印等がされているが，その容器が容器再検査に合格した場合は，表示のみがされる．

ニ．容器に充てんする高圧ガスである液化ガスは，所定の方法により刻印等又は自主検査刻印等で示された容器の内容積に応じて計算した質量以下のものでなければならない．

ホ．容器に充てんする液化ガスは，刻印又は自主検査刻印で示された種類の高圧ガスであり，かつ，容器に刻印又は自主検査刻印で示された最大充てん質量の数値以下のものでなければならない．

ヘ．容器又は附属品の廃棄をする者は，その容器又は附属品をくず化し，その他容器又は附属品として使用することができないように処分しなければならない．

● 解説 ●

イ…正　記述のとおり．

ロ…正　記述のとおり．

ハ…誤

容器が容器再検査に合格した場合は，所定の刻印をしなければならない．又，刻印をすることが困難なものとして定める容器には標章の掲示をしなければならないと規定されている．

ニ…正　記述のとおり．

ホ…誤

液化ガスを容器に充てんするときは，刻印等で示されている容器の内容積に応じて所定の計算式により計算した質量以下で充てんすることと規定されている．刻印等による最高充てん質量の数値の明示はされない．

ヘ…正　記述のとおり．

実践問題（42）

問　次のイ，ロ，ハの記述のうち，高圧ガスを充てんするための容器について正しいものはどれか．
　最も適切な答えを (1), (2), (3), (4), (5) の選択肢の中から1個選びなさい．

イ．容器に充てんする液化ガスは，刻印又は自主検査刻印で示された種類の高圧ガスであり，かつ，容器に刻印又は自主検査刻印で示された最大充てん質量の数値以下のものでなければならない．
ロ．液化フルオロカーボンを充てんする溶接容器の容器再検査の期間は，その容器の製造後の経過年数に応じて定められている．
ハ．高圧ガスである冷媒ガスを冷媒設備から回収し，容器（再充てん禁止容器を除く）に充てんするとき，その容器が容器再検査の期間を経過していないものであることは，その容器に高圧ガスを充てんすることができる条件の一つである．

(1) イ　　(2) ロ　　(3) イ, ハ　　(4) ロ, ハ　　(5) イ, ロ, ハ

〈解説〉

イ…誤
　容器に充てんする液化ガスは，刻印等又は自主検査刻印等において示された種類の高圧ガスであり，かつ，省令で定める方法によりその刻印等又は自主検査刻印等において示された内容積に応じて計算した質量以下のものであることと定められている．刻印等による最高充てん質量の数値の明示はされない．

ロ…正
　溶接容器の容器再検査の期間は，製造した後の経過年数20年未満のものは5年，経過年数20年以上のものは2年と定められている．

ハ…正
　容器検査若しくは容器再検査を受けた後，所定の期間を経過した容器は，容器再検査を受け，これに合格し，かつ，所定の刻印がされているものであることと定められている．したがって，容器が所定の期間を経過していないことが高圧ガスを充てんすることができる条件の一つである．

　　　　　　　　　　　　　　　　　　　　　　　正解　(4) ロ, ハ

4-2 容器の刻印等及び表示

要点整理

○ 刻印等
　容器検査に合格した容器には，速やかに**刻印又は標章を掲示**しなければならない．
- **検査実施者の名称又は符号**
- **容器製造業者の名称又は符号**
- **充てんすべき高圧ガスの種類**
- **容器の記号及び番号**
- 内容積（記号：V，単位：ℓ）
- 圧縮ガスを充てんする容器の最高充てん圧力（記号 FP，単位 MPa）及び M

○ 表　示
　容器の所有者は，容器に刻印等されたら遅滞なく，その容器に，表示をしなければならない．
- 高圧ガスの種類に応じて，容器の外表面積の **2 分の 1** 以上に**塗色**する．
- 容器の外面に次の事項を明示する．
    ① 　高圧ガスの名称
    ② 　**可燃性ガス**にあっては「**燃**」，**毒性ガス**にあっては「**毒**」の文字
    ③ 　容器の所有者又は容器管理業務委託者の氏名等

図 4.4　刻　印
- ⓣ－容器検査に合格した符号
- □－検査実施者の記号
- □－容器製造業者の符号
- □－充てんすべきガスの種類
- □－容器の記号番号
- V－内容積〔ℓ〕
- W－質　量〔kg〕
- □　容器検査年月（例 6-2010）
- TP□M－耐圧試験圧力〔MPa〕
- FP□M－最高充てん圧力〔MPa〕

表 4.4　高圧ガス容器の塗色

高圧ガスの種類	塗色の区分
酸素ガス	黒色
水素ガス	赤色
液化炭酸ガス	緑色
液化アンモニア	白色
液化水素	黄色
アセチレンガス	かっ色
その他の種類の高圧ガス	ねずみ色

1. 容器の刻印等（法第 45 条）

容器検査に合格した容器には刻印又は標章を掲示しなければならない．

(1) 経済産業大臣，**協会又は指定容器検査機関**は，容器が容器検査に合格した場合に，速やかに，省令（容器則第 8 条）に定めるところにより，その容器に，**刻印**をしなければならない．
(2) 刻印をすることが困難な容器には，その容器に**標章**を掲示しなければならない．
(3) 何人も，容器に，所定の刻印等（刻印又は標章の掲示）と紛らわしい刻印等をしてはならない．

2. 容器の刻印等の方式（容器則第 8 条抜粋）

容器に刻印しようとする者は，容器の厚肉の部分の見やすい箇所に，明瞭に，消えないように次に掲げる事項をその順序で刻印しなければならない．

① **検査実施者の名称又は符号**
② **容器製造業者の名称又は符号**
③ **充てんすべき高圧ガスの種類**
④ **容器の記号及び番号**
⑤ **内容積**（記号：V，単位：ℓ）
⑥ 附属品を含まない容器の質量（記号：W，単位：kg）
⑦ アセチレンガスを充てんする容器では，多孔質物及び附属品の質量を加えた質量（記号：TW，単位：kg）
⑧ 容器検査に合格した年月（内容積が 4 000 ℓ 以上など特に定められた容器では年月日）
⑨ 耐圧試験における圧力（記号：TP，単位：MPa）
⑩ **圧縮ガスを充てんする容器**では，**最高充てん圧力**（記号 FP，単位 MPa）及び M

・「**FP 14.7M**」は，その容器の最高充てん圧力が **14.7 MPa** であることを表している．

3. 容器の表示 (法第46条, 法第47条)

(1) 容器の**所有者**は，次に掲げるときは，遅滞なく，省令（容器則第10条）に定めるところにより，その容器に，表示をしなければならない．その表示が滅失したときも，同様とする．
   ① 容器に刻印等がされたとき．
   ② 容器再検査で容器に刻印等をしたとき．
   ③ 自主検査刻印等がされている容器を輸入したとき．
(2) 容器（高圧ガスを充てんしたものに限る）の**輸入をした者**は，容器が検査に合格したときは，遅滞なく，その容器に，表示をしなければならない．その表示が滅失したときも，同様とする．
(3) 容器を**譲り受けた者**は，遅滞なく，その容器に，表示をしなければならない．その表示が滅失したときも，同様とする．
(4) 何人も，規定された以外に，容器に表示又は紛らわしい表示をしてはならない．

4. 容器の表示方式 (容器則第10条抜粋)

高圧ガスの種類に応じて，容器の外面に塗色の区分や必要事項を次のように明示する必要がある．
(1) **高圧ガスの種類に応じて，表4.4**に掲げる塗色をその容器の外面の見やすい箇所に容器の表面積の2分の1以上について行うものとする．
(2) 容器の外面に次の事項を明示する．
   ① 充てんすることができる**高圧ガスの名称**
   ② 高圧ガスの性質を示す文字（**可燃性ガスでは「燃」，毒性ガスでは「毒」の文字**）
(3) 容器の外面に容器の所有者又は容器管理業務委託者の氏名等（氏名又は名称，住所及び電話番号）を告示で定めるところに従い，明示するものとする．

・液化アンモニアは毒性であり，可燃性でもあるので，その充てん容器の外面には，充てんすることができる高圧ガスの名称並びに性質を示す文字として「燃」及び「毒」の両方を明示することと定められている．

(4) 氏名等の表示をした容器の所有者は，その氏名等に変更があったときは，**遅滞なく**，その表示を変更する．

(5) 高圧ガスを容器により輸入した者で，輸入検査に合格したとき，その容器に所定の表示をするものとする．

チェック1 ☑

次の記述のうち，高圧ガスを充てんするための容器について正しいものはどれか．

イ．可燃性ガスを充てんする容器には，充てんすべき高圧ガスの名称が刻印又は自主検査刻印で示されているので，その高圧ガスの性質を示す文字を明示しなくてよい．

ロ．液化アンモニアを充てんする容器に表示をすべき事項のうちには，その容器の表面積の2分の1以上についての白色の塗色，その高圧ガスの名称及び「燃」，「毒」の明示がある．

ハ．液化アンモニアを充てんする容器には，その充てんすべき高圧ガスの名称が刻印で示されているので，アンモニアの性質を示す文字を明示すれば，そのガスの名称は明示する必要はない．

ニ．容器に刻印等をすべき事項の一つに，その容器の内容積（記号：V，単位：ℓ）がある．

ホ．容器検査に合格した容器に刻印をすべき事項の一つに「容器の記号及び番号」がある．

ヘ．液化ガスを充てんする容器に明示すべき事項の一つに，その容器に充てんすることができる液化ガスの最高充てん質量の数値がある．

●**解説**●

イ…誤

充てんすべき高圧ガスが可燃性ガス及び毒性ガスの場合にあっては，そのガスの性質を示す文字を明示しなければならない．

ロ…正　記述のとおり．

ハ…誤

充てんすべき高圧ガスの名称を容器の外面に明示しなければならない．

ニ…正　記述のとおり．

ホ…正　記述のとおり．

ヘ…誤

容器に充てんすべき液化ガスの最大充てん質量は，容器にされる刻印又は自主検査刻印若しくは表示によって示されていない．その高圧ガスの種類と容器の内容積に応じて所定の計算による数値以下で充てんする．

チェック2 ☑

次の記述のうち，高圧ガスを充てんするための容器について正しいものはどれか．

イ．液化ガスを充てんする容器には，その容器の内容積（記号：V，単位：ℓ）のほか，その容器の最大充てん質量（記号：W，単位：kg）の刻印がされている．

ロ．圧縮窒素を充てんする容器の刻印のうち，「FP 14.7M」は，その容器の最高充てん圧力が 14.7 MPa であることを表している．

ハ．容器検査に合格した容器に刻印されている「TP 2.9M」は，その容器の耐圧試験における圧力が 2.9 MPa であることを表している．

ニ．容器の外面に所有者の氏名などの所定の事項を明示した容器の所有者は，その事項に変更があったときは，次回の容器再検査時にその事項を明示し直さなければならないと定められている．

ホ．液化アンモニアを充てんする容器にすべき表示は，その容器の外面にそのガスの性質を示す文字として「毒」のみの明示をすることである．

ヘ．容器に装置されるバルブであって附属品検査に合格したものに刻印をすべき事項の一つに，「そのバルブが装置されるべき容器の種類」がある．

●解説●

イ…誤

　液化ガスを充てんする容器に刻印しなければならないものの一つに内容積があるが，最大充てん質量を刻印する定めはない．

ロ…正　記述のとおり．

ハ…正　記述のとおり．

　耐圧試験における圧力の刻印は，記号 TP，単位 MPa と定められている．

ニ…誤

　容器の外面に容器の所有者の氏名等を明示した容器の所有者は，その氏名等に変更があったときは，遅滞なく，明示し直さなければならない．

ホ…誤

　液化アンモニアは毒性であり可燃性でもあるので，その充てん容器の外面には，充てんすることができる高圧ガスの性質を示す文字として「燃」及び「毒」の両方を明示しなければならない．

ヘ…正　記述のとおり．

実践問題（43）

問　次のイ，ロ，ハの記述のうち，高圧ガスを充てんするための容器について正しいものはどれか．
　最も適切な答えを（1），（2），（3），（4），（5）の選択肢の中から1個選びなさい．
イ．容器に刻印等をすべき事項の一つに，その容器の内容積（記号：V，単位：ℓ）がある．
ロ．液化アンモニアを充てんする容器にすべき表示は，その容器の外面にそのガスの性質を示す文字として「毒」のみの明示をすることである．
ハ．容器の外面に所有者の氏名などの所定の事項を明示した容器の所有者は，その事項に変更があったときは，次回の容器再検査時にその事項を明示し直さなければならないと定められている．

(1) イ　(2) ロ　(3) ハ　(4) イ，ロ　(5) イ，ハ

〈解説〉
イ…正
　容器に刻印をすべき事項の一つとして「容器の内容積（記号：V，単位：ℓ）容器の記号及び番号」が定められている．
ロ…誤
　容器の外面に明示するものとして，「充てんすることができる高圧ガスが可燃性ガス及び毒性ガスの場合にあっては，その高圧ガスの性質を示す文字（可燃性ガスにあっては「燃」，毒性ガスにあっては「毒」）」と定められている．液化アンモニアは毒性であり可燃性でもあるので，その充てん容器の外面には，「燃」及び「毒」の両方を明示しなければならない．
ハ…誤
　「氏名等の表示をした容器の所有者は，その氏名等に変更があったときは，遅滞なく，その表示を変更するものとする．」と定められている．

正解　(1) イ

実践問題（44）

問　次のイ，ロ，ハの記述のうち，高圧ガスを充てんするための容器について正しいものはどれか．
　　最も適切な答えを (1), (2), (3), (4), (5) の選択肢の中から1個選びなさい．

イ．容器検査又は容器再検査を受け，これに合格し所定の刻印等がされた容器に高圧ガスを充てんする場合の条件の一つに，その容器が所定の期間を経過していないことがある．

ロ．圧縮窒素を充てんする容器の刻印のうち，「FP 14.7M」は，その容器の最高充てん圧力が 14.7 MPa であることを表している．

ハ．可燃性ガスを充てんする容器には，充てんすべき高圧ガスの名称が刻印又は自主検査刻印で示されているので，その高圧ガスの性質を示す文字を明示しなくてよい．

(1) イ　(2) ロ　(3) イ, ロ　(4) ロ, ハ　(5) イ, ロ, ハ

〈解説〉
イ…正
　容器検査若しくは容器再検査を受けた後，所定の期間を経過した容器は，容器再検査を受け，これに合格し，かつ，所定の刻印がされているものであることと定められている．したがって，容器が所定の期間を経過していないことが高圧ガスを充てんすることができる条件の一つである．

ロ…正
　圧縮ガスの充てん容器にあっては，最高充てん圧力の刻印は記号：FP，単位：MPa と定められている．

ハ…誤
　容器検査に合格した場合，容器に充てんすべき高圧ガスの種類等，定められた刻印又は標章の掲示がなされるが，容器の所有者は，このとき遅滞なく，充てんすることができる高圧ガスの名称，高圧ガスの性質を示す文字を容器の外面に明示することと定められている．特に容器に充てんすべき高圧ガスの種類の刻印又は標章の掲示が省略できる規定はない．

正解　(3) イ, ロ

[4-2 容器の刻印等及び表示]

実践問題（45）

問　次のイ，ロ，ハの記述のうち，高圧ガスを充てんするための容器について正しいものはどれか．
　最も適切な答えを（1），（2），（3），（4），（5）の選択肢の中から1個選びなさい．

イ．容器検査に合格した容器に刻印をすべき事項の一つに「容器の記号及び番号」がある．
ロ．液化アンモニアを充てんする容器に表示をすべき事項のうちには，その容器の表面積の2分の1以上についての白色の塗色，その高圧ガスの名称及び「燃」，「毒」の明示がある．
ハ．容器又は附属品の廃棄をする者は，その容器又は附属品をくず化し，その他容器又は附属品として使用することができないように処分しなければならない．

（1）イ　（2）ロ　（3）イ，ハ　（4）ロ，ハ　（5）イ，ロ，ハ

〈解説〉
イ…正
　容器に刻印をすべき事項の一つとして「容器の記号及び番号」が定められている．
ロ…正
　「高圧ガスの種類に応じて，それぞれ所定の塗色をその容器の外面の見やすい箇所に，容器の表面積の2分の1以上について行うものとする．」と定められている．又，容器の外面に明示するものとして「充てんすることができる高圧ガスの名称及び充てんすることができる高圧ガスが可燃性ガス及び毒性ガスの場合にあっては，その高圧ガスの性質を示す文字（可燃性ガスにあっては「燃」，毒性ガスにあっては「毒」）」と定められている．したがって，液化アンモニアを充てんする容器に表示をすべき事項のうちには，その容器の表面積の2分の1以上についての白色の塗色，その高圧ガスの名称及び「燃」，「毒」の明示する必要がある．
ハ…正
　「容器又は附属品の廃棄をする者は，くず化し，その他容器又は附属品として使用することができないように処分しなければならない．」と定められている．

正解　（5）イ，ロ，ハ

5章

指定設備

5-1 認定指定設備

要点整理

○ 指定設備の要件
- 冷凍のため不活性ガスを圧縮し，又は液化して高圧ガスの製造をする設備でユニット型のものである．
- **定置式製造設備**である．
- 冷媒ガスが**不活性**のフルオロカーボンである．
- 冷媒ガスの充てん量が **3 000 kg 未満**である．
- 1 日の冷凍能力が **50 トン以上**である．

○ 指定設備認定証が無効となる設備変更の工事等
認定指定設備に**変更の工事**を施したとき又は**移設等**を行ったときは，指定認定証は無効とする場合がある．

表 5.1

	新規設置時			指定設備の増設時	
	指定設備の単独設置	第一種製造設備と指定設備を設置	第二種製造設備と指定設備を設置	第一種製造設備に指定設備を増設	第二種製造設備に指定設備を増設
製造者の区分	第二種製造者	第一種製造者	第二種製造者	第一種製造者	第二種製造者
新規設置時の製造の許可・届出	製造届	製造許可申請	製造届	—	—
指定設備増設に際しての届出	—	—	—	軽微変更届	変更届
冷凍保安責任者の届出	—	指定設備の冷凍能力を加算しない能力に対応する資格者を選任	—	指定設備の冷凍能力を加算しない能力に対応する資格者を選任	—
保安検査	—	第一種製造設備のみ実施	—	第一種製造設備のみ実施	—
定期自主検査の実施	実　施	実　施	実　施	実　施	実　施
保安教育計画の策定・実施	保安教育の実施	保安教育計画の策定，保安教育の実施	保安教育の実施	保安教育計画の策定，保安教育の実施	保安教育の実施

1. 指定設備の定義 （法56条の7，施行令第15条）

　高圧ガスの製造（製造に係る貯蔵を含む）のための設備のうち公共の安全の維持又は災害の発生の防止に支障を及ぼすおそれがないものとして，政令（施行令関係告示第6号）で次の要件が定められている．

　冷凍のため不活性ガスを圧縮し，又は液化して高圧ガスの製造をする設備でユニット型のもののうち，次のいずれにも該当する設備である．

① **定置式製造設備**であること．
② 冷媒ガスが**不活性のフルオロカーボン**であること．
③ 冷媒ガスの充てん量が **3 000 kg 未満**であること．
④ 1日の冷凍能力が **50 トン以上**であること．

・認定指定設備
　冷凍設備のうち，指定設備認定証を受けた冷凍設備．

2. 指定設備の認定 （法第56条の7）

（1）指定設備の製造をする者，指定設備の輸入をした者は，その指定設備について，経済産業大臣，協会又は指定設備認定機関が行う認定を受けることができる．

● 認定指定設備を使用する場合

① ┌─────────────┐
　 │　認定指定設備　　　│
　 │フルオロカーボン 134a│ ……… 都道府県知事に届け出る．
　 │冷凍能力 90 トン　　│
　 └─────────────┘

● 認定指定設備がブラインを共通している場合

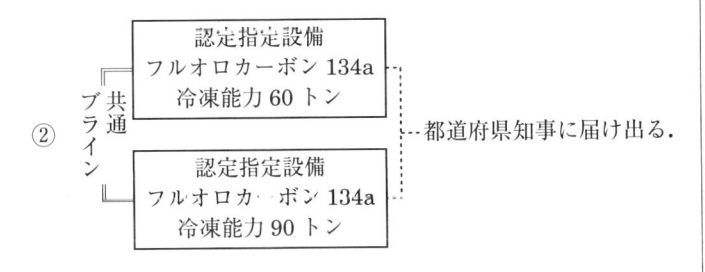

② 　　┌─────────────┐
　　　│　認定指定設備　　　│
　共　│フルオロカーボン 134a│
　通　│冷凍能力 60 トン　　│
　ブ　└─────────────┘
　ラ　　　　　　　　　　　　……都道府県知事に届け出る．
　イ　┌─────────────┐
　ン　│　認定指定設備　　　│
　　　│フルオロカーボン 134a│
　　　│冷凍能力 90 トン　　│
　　　└─────────────┘

・認定指定設備を使用（単独使用）する冷凍事業所は，本来，第一種製造者に該当する設備であるにもかかわらず，第二種製造事業所としての法手続きを行うことになる．ただし，定期自主検査は実施しなければならない．

[5-1 認定指定設備]

●認定指定設備と非認定指定設備がブラインによって共通している場合

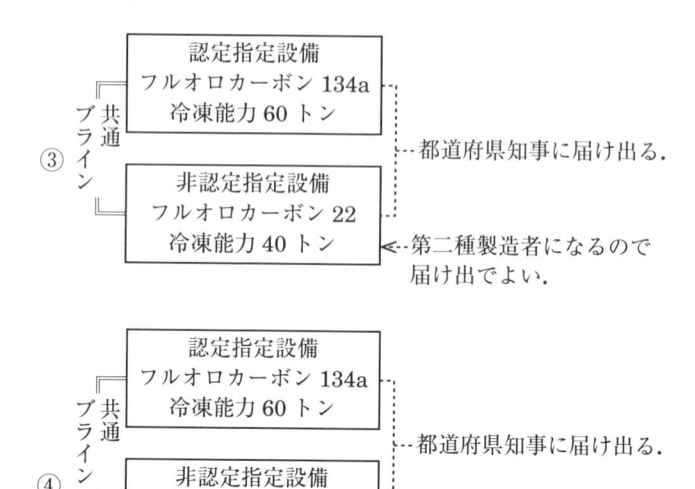

③ ブライン共通
- 認定指定設備
  フルオロカーボン 134a
  冷凍能力 60 トン ----都道府県知事に届け出る．
- 非認定指定設備
  フルオロカーボン 22
  冷凍能力 40 トン ←--第二種製造者になるので届け出でよい．

④ ブライン共通
- 認定指定設備
  フルオロカーボン 134a
  冷凍能力 60 トン ----都道府県知事に届け出る．
- 非認定指定設備
  フルオロカーボン 22
  冷凍能力 90 トン ←--第一種製造者になるので
   ・許可を受ける．
   ・保安検査が必要．
   ・冷凍保安責任者を選任する．

・④の場合，ブラインが共通になっている製造設備は，冷凍能力の合計が 150 トンであるが，認定指定設備の冷凍能力 60 トンが除外となるので，冷凍保安責任者は，第三種冷凍機械責任者免状所有者のものを選任することができる．

(2) 指定設備の認定の申請が行われた場合に，経済産業大臣，協会又は指定設備認定機関は，指定設備が指定設備に係わる技術上の基準（冷凍則第 57 条）に適合するときは，認定を行うものとする（認定指定設備）．

3. 指定設備認定証が無効となる設備変更の工事等 (冷凍則第 62 条)

(1) 認定指定設備に**変更の工事を施したとき**又は認定指定設備の**移設等を行ったとき**は，認定指定設備に係る指定認定証は無効とする．
　ただし，次に揚げる場合にあってはこの限りではない．
① 　変更の工事が**同一の部品への交換**のみである場合．
② 　指定認定設備の移設を行った場合で，**指定設備認定機関**により**調査**を受け，認定指定設備技術基準適合書の交付を受けた場合．

・消耗品の取換えは，認定証の無効とはならない．

(2) 認定指定設備を設置した者は，その認定指定設備に変更の工事を施したとき，又は認定指定設備の移設等を行ったときは（1）のただし書の場合を除き**指定設備認定証を返納**しなければならない．

> **コラム**
>
> **[特定設備]（法56条の3, 4, 法第20条の2）**
> 　特定設備とは，高圧ガスの製造（製造に係る貯蔵を含む）設備のうち，高圧ガスの爆発その他の災害の発生のおそれがある設備で，災害の発生を防止するために設計の検査，材料の品質の検査又は製造中の検査を行うことが特に必要な設備である（塔，反応器，熱交換器，蒸発器，凝縮器，加熱炉，その他の圧力容器）．
> （1）特定設備の製造をする者は，製造の工程ごとに，経済産業大臣，協会又は指定特定設備検査機関が行う特定設備検査を受けなければならない．
> （2）特定設備の輸入をした者は，遅滞なく，経済産業大臣，協会又は指定特定設備検査機関が行う特定設備検査を受けなければならない．
> （3）特定設備検査に合格したときは，特定設備検査合格証が交付される．
> （4）特定設備検査に合格した設備であって，特定設備検査合格証によりその旨確認できるものは，完成検査において，その設備についての完成検査を受けることを要しない．

> **チェック ✓**
>
> 次の記述のうち，製造設備が認定指定設備である製造施設について冷凍保安規則上正しいものはどれか．
> イ．認定指定設備を使用して高圧ガスの製造を行う者が従うべき製造の方法に係る技術上の基準は定められていない．
> ロ．認定指定設備は，都道府県知事等が行う保安検査を受けなくてもよい．
> ハ．1日の冷凍能力が50トン以上である認定指定設備のみを使用して冷凍のため高圧ガスの製造をしようとする者は，都道府県知事の許可を受けなくてもよい．
> ニ．認定指定設備の冷媒設備の修理を行うときは，あらかじめ，その作業の責任者を定め，かつ，その責任者の監視の下に作業を行えば，その作業計画を定める必要はない．
> ホ．認定指定設備に変更の工事を施すと，指定設備認定証が無効になる場合がある．

● 解説 ●

イ…誤

　認定指定設備を使用して高圧ガスの製造を行う者の製造の方法に係る技術上の基準定められている．ただし，可燃性ガス又は毒性ガスの冷媒設備に係る修理等の際のガス置換の措置等を除いている．

ロ…正

　認定指定設備は保安検査の対象施設から除かれている．

ハ…正

　指定設備の認定を受けたものは「単体であれば」届出の対象となり，許可を受けることを要しない．

ニ…誤

　冷媒設備の修理等をするときは，あらかじめ，修理等の作業計画及びその作業の責任者を定め，その作業計画に従い，かつ，責任者の監視の下に行われなければならない．特にその設備が認定指定設備であるか否かによって必要であるかないかの定めはない．

ホ…正　記述のとおり．

実践問題（46）

問　次のイ，ロ，ハの記述のうち，認定指定設備について正しいものはどれか，最も適切な答えを (1)，(2)，(3)，(4)，(5) の選択肢の中から 1 個選びなさい．
イ．1日の冷凍能力が 50 トン以上である認定指定設備のみを使用して高圧ガスの製造をしようとする者は，都道府県知事の許可を受けることを要しない．
ロ．認定指定設備を使用して高圧ガスの製造を行う者が従うべき製造の方法に係る技術上の基準は定められていない．
ハ．認定指定設備に変更の工事を施したとき，又はその設備を移設したときに，指定設備認定証を返納しなければならない場合がある．

(1) イ　(2) ロ　(3) イ, ロ　(4) イ, ハ　(5) ロ, ハ

〈解説〉
イ…正
　冷凍のため不活性ガスを圧縮し，又は液化して高圧ガスの製造設備でユニット型のもののうち経済産業大臣，協会又は指定認定機関が定める指定設備の認定を受けた認定指定設備は，「単体であれば」届出の対象となり，許可を受けることを要しない．
ロ…誤
　認定指定設備を使用して高圧ガスの製造を行う者は，冷凍則第 9 条の製造の方法に係る技術上の基準に適合することと定められている．ただし，可燃性ガス又は毒性ガスの冷媒設備に係る修理等の際のガス置換の措置等の定めは除かれている．
ハ…正
　「認定指定設備に変更の工事を施したとき，又は認定指定設備の移設等（転用を除く．以下この条及び次条において同じ．）を行ったときは，当該認定指定設備に係る指定設備認定証は無効とする．ただし，次に掲げる場合にあっては，この限りでない．」と定められている．

正解　(4) イ, ハ

5-2 指定設備に係る技術上の基準

要点整理

○ 指定設備に係る技術上の基準
- 指定設備は，当該設備の製造業者の事業所において，定置式製造設備に係る技術上の基準に適合することを確保するように製造されている．
- ブラインを共通に使用する以外には，ほかの設備と共通に使用する部分がない．
- 冷媒設備は，事業所において脚上又は一つの架台上に組み立てられている．
- 耐圧試験，気密試験に合格するものである．
- 製造業者の事業所において試運転を行い，使用場所に分割されずに搬入されるものである．
- 縦置き円筒形凝縮器の場合は，胴部の長さが **5m 未満**である．
- 受液器は，その内容積が **5 000ℓ 未満**である．
- 破裂板を使用しない．
- 冷媒ガスの止め弁には，手動式のものを使用しない．
- 自動制御装置を設ける．

・当該設備の製造業者の事業所を「事業所」という．

指定設備に係る技術上の基準は，次に掲げるものとする．（冷凍則第 57 条）

① 指定設備は，設備の**製造業者の事業所**において，第一種製造者が設置するものでは，冷凍則第 7 条第 2 項，第二種製造者が設置するものでは，冷凍則第 12 条第 2 項の**定置式製造設備に係る技術上の基準に適合すること**を確保するように製造されていること．

・指定設備の冷媒設備は，その設備の使用場所の事業所ではなく，製造業者の事業所において脚上又は一つの架台に組み立てられたものでなければならない．

② 指定設備は，ブラインを共通に使用する以外には，ほかの設備と共通に使用する部分がないこと．

③ 指定設備の冷媒設備は，事業所において脚上又は一つの架台上に組み立てられていること．

④ 指定設備の冷媒設備は，製造業者の事業所で行う**耐圧試験，気密試験**に合格するものであること．

⑤ 指定設備の冷媒設備は，製造業者の事業所において**試運**

転を行い，**使用場所に分割さずに搬入**されるものであること．
⑥ 指定設備の冷媒設備のうち直接風雨にさらされる部分及び外表面に結露のおそれのある部分には，**銅，銅合金，ステンレス鋼その他耐腐食性材料**を使用し，又は耐腐食処理を施しているものであること．
⑦ 指定設備の冷媒設備に係る配管，管継手及びバルブの接合は，溶接又は**ろう付け**によること．ただし，溶接又はろう付けによることが適当でない場合は，保安上必要な強度を有するフランジ接合又はねじ接合継手による接合をもって代えることができる．
⑧ **凝縮器が縦置き円筒形の場合は，胴部の長さが5m未満**であること．
⑨ **受液器**は，その**内容積が5 000ℓ未満**であること．
⑩ 指定設備の冷媒設備には，許容圧力以下に戻す安全装置として**破裂板を使用しないこと**．ただし，安全弁と破裂板を直列に使用する場合は，この限りではない．
⑪ 液状の冷媒ガスが充てんされ，かつ，冷媒設備のほかの部分から隔離されることのある容器であって，**内容積300ℓ**以上のものには，同一の切り換え弁に接続された**二つ以上の安全弁**を設けること．
⑫ 冷凍のための指定設備の日常の運転操作に必要となる**冷媒ガスの止め弁**には，**手動式のものを使用しないこと**．
⑬ 冷凍のための指定設備には，**自動制御装置を設ける**こと．
⑭ 容積圧縮式圧縮機には，吐出冷媒ガス温度が設定温度以上になった場合に圧縮機の運転を停止する装置が設けられていること．

コラム

[認定指定設備の表示]（冷凍則第60）
　指定設備認定証の交付を受けた者が行う表示は，認定指定設備の厚肉の部分の見やすい箇所に明瞭に，かつ，消えないように，所定の事項をその順序で打刻することにより，又は当該事項をその順序で打刻，鋳出しその他の方法により記した板を溶接，はんだ付け若しくはろう付けすることにより行う．

[5-2 指定設備に係る技術上の基準] 173

> **チェック ✓**
>
> 次の記述のうち，認定指定設備について冷凍保安規則上正しいものはどれか．
> イ．認定指定設備である条件の一つに「冷媒設備は，その設備の製造業者の事業所において試運転を行い，使用場所に分割されずに搬入されるものであること」がある．
> ロ．認定指定設備である条件の一つには，冷媒設備は，使用場所である事業所に分割して搬入され，一つの架台上に組み立てられたものでなければならないことがある．
> ハ．凝縮器が縦置円筒形であり，その胴部の長さが5m以上のものである場合は，指定設備として認定を受けることができない．
> ニ．認定指定設備である条件の一つに「日常の運転操作に必要となる冷媒ガスの止め弁には，手動式のものを使用しないこと」がある．
> ホ．認定指定設備である条件の一つには，自動制御装置が設けられていなければならないことがある．
> ヘ．冷媒設備は，使用場所であるこの事業所において，それぞれ一つの架台上に組み立てられたものでなければならない．

● 解説 ●

イ…正　記述のとおり．

ロ…誤

冷媒設備の製造業者の事業所において脚上又は一つの架台に組み立てられ，試運転を行い，使用場所に分割されずに搬入されるものでなければならない．

ハ…正　記述のとおり．

ニ…正　記述のとおり．

ホ…正　記述のとおり．

ヘ…誤

冷媒設備は，その設備の製造業者の事業所において，それぞれ脚上又は一つの架台上に組み立てられたものでなければならない．

実践問題（47）

問　次のイ，ロ，ハの記述のうち，認定指定設備について冷凍保安規則上正しいものはどれか．
　最も適切な答えを (1), (2), (3), (4), (5) の選択肢の中から 1 個選びなさい．

イ．「指定設備の冷媒設備は，その設備の製造業者の事業所において試運転を行い，使用場所に分割されずに搬入されるものであること」は，製造設備が認定指定設備である条件の一つである．
ロ．認定指定設備に変更の工事を施すと，指定設備認定証が無効になる場合がある．
ハ．「指定設備の冷媒設備は，その設備の製造業者の事業所において脚上又は一つの架台上に組み立てられていること」は，製造設備が認定指定設備である条件の一つである．

(1) イ　　(2) ハ　　(3) イ，ロ　　(4) ロ，ハ　　(5) イ，ロ，ハ

〈解説〉
イ…正
　認定指定設備に係る技術上の基準の一つとして「指定設備の冷媒設備は，その設備の製造業者の事業所において試運転を行い，使用場所に分割されずに搬入されるものであること.」と定められている．
ロ…正
　認定指定設備に変更の工事を施したとき，又は認定指定設備の移設等（転用を除く）を行ったときは，特定の場合を除いて，その認定指定設備に係る指定設備認定証は無効とすると定められている．
ハ…正
　認定指定設備に係る技術上の基準の一つとして「指定設備の冷媒設備は，その設備の製造業者の事業所において脚上又は一つの架台上に組み立てられていること.」と定められている．

正解 (5) イ，ロ，ハ

実践問題（48）

問　次のイ，ロ，ハの記述のうち，認定指定設備について正しいものはどれか．最も適切な答えを (1), (2), (3), (4), (5) の選択肢の中から 1 個選びなさい．

イ．認定指定設備である条件の一つに「日常の運転操作に必要となる冷媒ガスの止め弁には，手動式のものを使用しないこと」がある．

ロ．第一種製造者の製造設備とブラインを共通にする認定指定設備を使用して高圧ガスの製造を行うときに，認定指定設備が従うべき製造の方法に係る技術上の基準は定められていない．

ハ．第一種製造者の製造施設にブラインを共有する認定指定設備である製造設備を増設する工事は，軽微な変更の工事に該当しないので，都道府県知事の許可を受ける必要がある．

(1) イ　(2) ハ　(3) イ, ロ　(4) ロ, ハ　(5) イ, ロ, ハ

〈解説〉

イ…正
　認定指定設備に係る技術上の基準の一つとして「冷凍のための指定設備の日常の運転操作に必要となる冷媒ガスの止め弁には，手動式のものを使用しないこと.」と定められている．

ロ…誤
　第一種製造者は，製造設備とブラインを共通にする認定指定設備を使用して高圧ガスの製造を行うときは，所定の製造の方法に係る技術上の基準に従って製造をしなければならない．

ハ…誤
　第一種製造者の製造施設にブラインを共有する認定指定設備である製造設備を増設する工事は，定められた軽微な変更の工事に該当し，その完成後遅滞なく，その旨を都道府県知事に届け出なければならないと定められている．

正解　(1) イ

実践問題（49）

問　次のイ，ロ，ハの記述のうち，認定指定設備について正しいものはどれか．最も適切な答えを (1), (2), (3), (4), (5) の選択肢の中から 1 個選びなさい．

イ．凝縮器が縦置円筒形であり，その胴部の長さが 5m 以上のものである場合は，指定設備として認定を受けることができない．

ロ．第一種製造者は，製造施設のうち認定指定設備である製造設備については，定期自主検査を行わなくてもよい．

ハ．第一種製造者の事業所に備えるべき帳簿は，認定指定設備である製造設備の部分を除く製造施設に異常があった年月日及びそれに対してとった措置を記載するものでよい．

(1) イ　(2) ハ　(3) イ, ロ　(4) ロ, ハ　(5) イ, ロ, ハ

〈解説〉

イ…正
　認定指定設備に係る技術上の基準の一つとして，「凝縮器が縦置き円筒形の場合は，胴部の長さが 5m 未満であること．」と定められている．したがって，縦置円筒形で，その胴部の長さが 5m 以上の凝縮器である場合は，指定設備として認定を受けることができない．

ロ…誤
　「第一種製造者は，経済産業省令で定めるところにより，定期に，保安のための自主検査を行い，その検査記録を作成し，これを保存しなければならない．」と定められている．特に認定指定設備であるための除外規定はない．

ハ…誤
　「第一種製造者は，事業所ごとに，製造施設に異常があった年月日及びそれに対してとった措置を記載した帳簿を備え，記載の日から 10 年間保存しなければならない．」と定められている．特に認定指定設備であるための除外規定はない．

正解　(1) イ

5-3 冷凍機器の製造

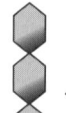

要点整理

○ 冷凍設備に用いる機器の指定
  ・一日の冷凍能力が **3 トン以上**（不活性フルオロカーボンでは，**5 トン以上**）の冷凍機を用いる冷凍設備の機器製造業者は，機器の製造に係る技術上の**基準**に従って，その機器を製造しなければならない．
○ 機器の製造に係る技術上の基準
  ・**容器**は，材料，強度，溶接方法が定めている（1 日の冷凍能力が **20 トン未満**の冷媒設備を除く）．
  ・**機器**は，冷媒設備について気密試験及び配管以外の部分について耐圧試験に合格するもの又は協会が行う試験に合格したもの．
  ・**機器の冷凍設備**は，振動，衝撃，腐食等により冷媒ガスが漏れないもの．

1. 冷凍設備に用いる機器の指定（法第57条，冷凍則63条）

・機器製造業者には，許可や届出は不要である．

　一日の冷凍能力が **3 トン以上**（不活性フルオロカーボンでは，**5 トン以上**）の冷凍機を用いる冷凍設備の機器製造業者（冷凍設備に用いる機器の製造の事業を行う者）は，機器の製造に係る技術上の基準に従って，冷凍設備に用いる機器を製造しなければならない．

2. 機器の製造に係る技術上の基準（冷凍則64条抜粋）

・**容器の設計圧力**
　容器を使用することができる最高の圧力として設計された適切な圧力
・**容器の設計温度**
　容器を使用することができる最高又は最低の温度として設定された適切な温度

(1) 機器の冷媒設備（1 日の冷凍能力が **20 トン未満**のものを除く）に係る**容器**（ポンプ又は圧縮機に係るものを除く）は，次に適合すること．
  ① 材料は，容器の**設計圧力**，**設計温度**，製造する**高圧ガスの種類**等に応じ，適切なものであること．
  ② 容器は，設計圧力又は設計温度において発生する**最大の応力**に対し安全な強度を有しなければならない．
  ③ 容器の板の厚さ，断面積等は，形状，寸法，設計圧力，

設計温度における材料の許容応力，溶接継手の効率等に応じ，適切であること．
④ 溶接は，継手の種類に応じ適切な種類及び方法により行うこと．
⑤ 溶接部は，母材の**最小引張強さ**（母材が異なる場合は，最も小さい値）**以上**の強度を有するものでなければならない．
⑥ 溶接部については，応力除去のため必要な措置を講ずること．ただし，応力除去を行う必要がないと認められるときは，この限りでない．

・溶接部
溶着金属部分及び溶接による熱影響により材質に変化を受ける母材の部分

(2) **機器**は，次の試験に合格するもの又は経済産業大臣がこれらと同等以上のものと認めた協会が行う試験に合格したものであること．
① 冷媒設備…**気密試験**
・設計圧力等以上の圧力で行う．
② 配管以外の部分…**耐圧試験**
・**設計圧力等**の**1.5倍以上**の圧力で水その他の安全な液体を使用して行う（液体を使用することが困難であると認められるときは，**設計圧力の1.25倍以上**の圧力で空気，窒素等の気体を使用して行う）．

・配管以外の部分，すなわち，圧縮機，圧力容器，冷媒液ポンプなどは耐圧試験を，また，配管を含むすべての部分は，気密試験が必要とされている．

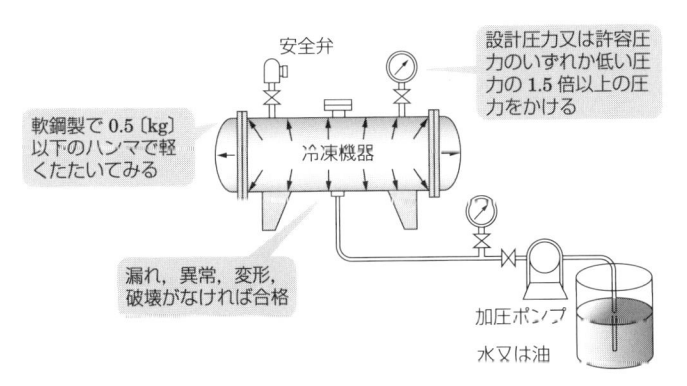

図 5.1 耐圧試験

(3) **機器の冷媒設備**は，**振動**，**衝撃**，**腐食**などにより**冷媒ガスが漏れない**ものであること．

[5-3 冷凍機器の製造] 179

チェック ☑

次の記述のうち，正しいものはどれか．

イ．機器製造業者が所定の技術上の基準に従って製造しなければならない機器は，不活性のフルオロカーボンを冷媒ガスとする冷凍機のものにあっては，1日の冷凍能力が5トン以上のものである．

ロ．1日の冷凍能力が5トンの冷凍設備に用いる機器の製造の事業を行う者（機器製造業者）は，所定の技術上の基準に従ってその機器の製造をしなければならない．

ハ．冷凍設備に用いる機器の製造の事業を行う者（機器製造業者）が所定の技術上の基準に従って製造しなければならない機器は，不活性のフルオロカーボンを冷媒ガスとする冷凍機のものにあっては，1日の冷凍能力が20トン以上のものに限られる．

ニ．機器製造業者は，1日の冷凍能力が20トン以上の冷凍設備に用いる機器のうち，定められた容器については，その材料，強度，溶接方法等に係る技術上の基準に従って製造をしなければならない．

ホ．冷凍設備に用いる機器のうち，冷凍設備に係る定められた容器の製造に係る技術上の基準として，その材料，強度，溶接方法等が規定されているのは，1日の冷凍能力が50トン以上のものに限る．

●解説●

イ…正　記述のとおり．

ロ…正

　機器製造業者が所定の技術上の基準に従って製造しなければならない機器は，1日の冷凍能力が3トン以上（不活性のフルオロカーボンにあっては5トン以上）の冷凍機に用いるものである．

ハ…誤

　不活性のフルオロカーボンを冷媒ガスとする冷凍機のものにあっては，1日の冷凍能力が5トン以上のものである．

ニ…正　記述のとおり．

ホ…誤

　冷凍設備に用いる機器のうち，定められた容器の製造に係る技術上の基準として，その材料，強度，溶接方法等が規定されているのは，1日の冷凍能力が20トン以上のものと定められている．

実践問題（50）

問　次のイ，ロ，ハの記述のうち，正しいものはどれか．
　最も適切な答えを (1), (2), (3), (4), (5) の選択肢の中から 1 個選びなさい．

イ．高圧ガスの販売の事業を営もうとする者は，その高圧ガスの販売について販売所ごとに都道府県知事の許可を受けなければならない．

ロ．もっぱら冷凍設備に用いる機器であって，定められたものの製造の事業を行う者（機器製造業者）は，所定の技術上の基準に従ってその機器を製造しなければならない．

ハ．冷凍設備に用いる機器の製造の事業を行う者（機器製造業者）が所定の技術上の基準に従って製造しなければならない機器は，不活性のフルオロカーボンを冷媒ガスとする冷凍機のものにあっては，1 日の冷凍能力が 5 トン以上のものである．

　(1) イ　　(2) ハ　　(3) イ，ロ　　(4) ロ，ハ　　(5) イ，ロ，ハ

〈解説〉
イ…誤
　「高圧ガスの販売の事業を営もうとする者は，販売所ごとに，事業開始の日の 20 日前までに，販売をする高圧ガスの種類を記載した書面その他所定の書類を添えて，その旨を都道府県知事に届け出なければならない．」と定められている．

ロ…正
　「機器製造業者は，その機器を用いた設備が所定の技術上の基準に適合することを確保するように所定の技術上の基準に従ってその機器の製造をしなければならない．」と定められている．

ハ…正
　1 日の冷凍能力が 3 トン以上（不活性のフルオロカーボンにあっては 5 トン以上）の冷凍機を製造する機器製造業者は，機器の製造に係る技術上の基準に従って冷凍設備に用いる機器を製造しなければならないと定められている．

正解　(4) ロ，ハ

実践問題（51）

問　次のイ，ロ，ハの記述のうち，正しいものはどれか．
　最も適切な答えを（1），（2），（3），（4），（5）の選択肢の中から1個選びなさい．

イ．冷凍設備に用いる機器の製造の事業を行う者（機器製造業者）が所定の技術上の基準に従って製造しなければならない機器は，冷媒ガスの種類にかかわらず，1日の冷凍能力が5トン以上の冷凍機に用いられるものに限られる．

ロ．認定指定設備のみを使用して冷凍のため高圧ガスの製造をしようとする者は，その設備の1日の冷凍能力が50トン以上である場合であっても，その製造について都道府県知事の許可を受ける必要はない．

ハ．機器製造業者は，1日の冷凍能力が20トン以上の冷媒設備に用いる機器のうち，定められた容器については，その材料，強度，溶接方法等に係る技術上の基準に従って製造をしなければならない．

（1）イ　（2）ハ　（3）イ，ロ　（4）ロ，ハ　（5）イ，ロ，ハ

〈解説〉

イ…誤
　機器製造業者が機器の技術上の基準に従って製造しなければならない機器は，1日の冷凍能力が3トン以上の冷凍機に用いるものと定められているが，不活性のフルオロカーボンの冷媒ガスにあっては5トン以上となっている．

ロ…正
　認定指定設備のみを使用して冷凍のため高圧ガスの製造をしようとする者は，その製造について都道府県知事の許可を受ける必要はないが，都道府県知事に届け出なければならない．

ハ…正
　冷凍設備に用いる機器の冷媒設備（1日の冷凍能力が20トン未満のものを除く）に係る所定の容器は，機器の製造に係る技術上の基準として，その材料，強度，溶接方法等が定められている．

正解　（4）ロ，ハ

実践問題（52）

問　次のイ，ロ，ハの記述のうち，正しいものはどれか．
　最も適切な答えを (1)，(2)，(3)，(4)，(5) の選択肢の中から 1 個選びなさい．

イ．冷凍のため高圧ガスを製造する第一種製造者が，その事業所以外に，独立した1日の冷凍能力が50トンである冷凍設備（認定指定設備でないもの）を設置して高圧ガスの製造をしようとする場合，新たに都道府県知事の許可を受けなければならない．

ロ．冷凍設備に用いる機器のうち，冷媒設備に係る定められた容器の製造に係る技術上の基準として，その材料，強度，溶接方法等が規定されているのは，1日の冷凍能力が50トン以上のものに限られる．

ハ．機器製造業者が所定の技術上の基準に従って製造しなければならない機器は，不活性ガスのフルオロカーボンを冷媒ガスとする冷凍機のものにあっては，1日の冷凍能力が5トン以上のものである．

(1) イ　(2) ロ　(3) ハ　(4) イ，ハ　(5) イ，ロ，ハ

〈解説〉

イ…正
　1日の冷凍能力が50トン以上の冷凍設備（認定指定設備を除く）を使用して，高圧ガスの製造をしようとする者は，その高圧ガスの種類にかかわらず，事業所ごとに都道府県知事の許可を受けなければならないと定められている．

ロ…誤
　冷凍設備に用いる機器の冷媒設備（1日の冷凍能力が20トン未満のものを除く）に係る所定の容器は，機器の製造に係る技術上の基準として，その材料，強度，溶接方法などが定められている．

ハ…正
　機器製造業者が機器の技術上の基準に従って製造しなければならない機器は，不活性のフルオロカーボンの冷媒ガスにあっては1日の冷凍能力が5トン以上の冷凍機に用いるものと定められている．

正解　(4) イ，ハ

6章

実践総合問題

◇ 実践総合問題 1

次の各問について，高圧ガス保安法に係る法令上正しいと思われる最も適切な答えをその問の下に掲げてある（1），（2），（3），（4），（5）の選択肢の中から1個選びなさい．

なお，経済産業大臣が危険のおそれのないと認めた場合等における規定は適用しない．

問 1 次のイ，ロ，ハの記述のうち，正しいものはどれか．
　イ．高圧ガス保安法は，高圧ガスによる災害を防止し，公共の安全を確保する目的のために，高圧ガスの容器の製造及び取扱いについても規制している．
　ロ．常用の温度において圧力が 1 MPa 未満である圧縮ガス（圧縮アセチレンガスを除く）であって，温度 35℃においてその圧力が 1 MPa 未満であるものは，高圧ガスではない．
　ハ．圧力が 0.2 MPa となる場合の温度が 30℃である液化ガスであって，常用の温度において圧力が 0.1 MPa であるものは，高圧ガスではない．

　(1) イ　(2) ハ　(3) イ，ロ　(4) ロ，ハ　(5) イ，ロ，ハ

問 2 次のイ，ロ，ハの記述のうち，正しいものはどれか．
　イ．第一種製造者は，その製造施設の位置，構造又は製造設備について，定められた軽微な変更の工事をしようとするときは，都道府県知事の許可を受ける必要はないが，その工事の完成後遅滞なく，都道府県知事が行う完成検査を受けなければならない．
　ロ．1日の冷凍能力が 3 トン未満の冷凍設備内における高圧ガスは，そのガスの種類にかかわらず，高圧ガス保安法の適用を受けない．
　ハ．不活性のフルオロカーボンを冷媒ガスとする 1 日の冷凍能力が 30 トンの設備を使用して冷凍のための高圧ガスの製造をしようとする者は，都道府県知事の許可を受けなければならない．

　(1) イ　(2) ロ　(3) イ，ハ　(4) ロ，ハ　(5) イ，ロ，ハ

問 3 次のイ，ロ，ハの記述のうち，正しいものはどれか．
　イ．冷媒ガスの補充用の高圧ガスの販売の事業を営もうとする者は，特に定められた場合を除き，販売所ごとに，事業開始の日の 20 日前までに，その旨を都道府県知事に届け出なければならない．
　ロ．冷凍のための製造施設の冷媒設備内の高圧ガスであるアンモニアは，高

圧ガスの廃棄に係る技術上の基準に従って廃棄しなければならないものに該当する．
ハ．もっぱら冷凍設備に用いる機器の製造の事業を行う者（機器製造業者）が所定の技術上の基準に従って製造しなければならない機器は，冷媒ガスの種類にかかわらず，1日の冷凍能力が20トン以上の冷凍機に用いられるものに限られる．

(1) イ　(2) ハ　(3) イ，ロ　(4) ロ，ハ　(5) イ，ロ，ハ

問4　次のイ，ロ，ハの記述のうち，車両に積載した容器（内容積が48ℓのもの）による冷凍設備の冷媒ガスの補充用の高圧ガスの移動に係る技術上の基準等について一般高圧ガス保安規則上正しいものはどれか．
イ．液化アンモニアを移動するときは，その車両の見やすい箇所に警戒標を掲げなければならないが，液化フルオロカーボン（不活性のものに限る）を移動するときは，その必要はない．
ロ．液化アンモニアを移動するときは，消火設備のほか防毒マスク，手袋その他の保護具並びに災害発生防止のための応急措置に必要な資材，薬剤及び工具等も携行しなければならない．
ハ．液化フルオロカーボンを移動するときは，充てん容器及び残ガス容器には，転落，転倒等による衝撃及びバルブの損傷を防止する措置を講じ，かつ，粗暴な取扱いをしてはならない．

(1) イ　(2) ハ　(3) イ，ロ　(4) ロ，ハ　(5) イ，ロ，ハ

問5　次のイ，ロ，ハの記述のうち，高圧ガスを充てんするための容器（再充てん禁止容器を除く）について正しいものはどれか．
イ．容器に充てんすることができる液化フルオロカーボン22の質量は，次の式で表される．

$$G = \frac{V}{C}$$

　　　G：液化フルオロカーボン22の質量（単位 kg）の数値
　　　V：容器の内容積（単位 ℓ）の数値
　　　C：容器保安規則で定める数値

ロ．液化アンモニアを充てんする容器にすべき表示の一つに，その容器の外面にそのガスの性質を示す文字の明示があるが，その文字として「毒」のみ明示すればよい．
ハ．容器検査に合格した容器に刻印すべき事項の一つに，その容器が受けるべき次回の容器再検査の年月日がある．

(1) イ　(2) ロ　(3) ハ　(4) イ，ハ　(5) ロ，ハ

問6　次のイ，ロ，ハの記述のうち，冷凍のため高圧ガスの製造をする事業所における冷媒ガスの補充用としての容器による高圧ガス（質量が **1.5 kg** を超えるもの）の貯蔵に係る技術上の基準について一般高圧ガス保安規則上正しいものはどれか．

　　イ．高圧ガスが充てんされた容器は，充てん容器及び残ガス容器にそれぞれ区分して容器置場に置かなければならない．
　　ロ．液化アンモニアの充てん容器及び残ガス容器の貯蔵は，通風の良い場所でしなければならない．
　　ハ．特に定められた場合を除き，車両に固定した容器又は積載した容器により貯蔵してはならない．

　　(1) イ　(2) ロ　(3) イ，ハ　(4) ロ，ハ　(5) イ，ロ，ハ

問7　次のイ，ロ，ハの記述のうち，冷凍能力の算定基準について冷凍保安規則上正しいものはどれか．

　　イ．発生器を加熱する1時間の入熱量の数値は，吸収式冷凍設備の1日の冷凍能力の算定に必要な数値の一つである．
　　ロ．冷媒設備内の冷媒ガスの充てん量の数値は，往復動式圧縮機を使用する冷凍設備の1日の冷凍能力の算定に必要な数値の一つである．
　　ハ．圧縮機の標準回転速度における1時間のピストン押しのけ量の数値は，遠心式圧縮機を使用する冷凍設備の1日の冷凍能力の算定に必要な数値の一つである．

　　(1) イ　(2) ハ　(3) イ，ロ　(4) ロ，ハ　(5) イ，ロ，ハ

問8　次のイ，ロ，ハの記述のうち，冷凍のため高圧ガスの製造をする第二種製造者について正しいものはどれか．

　　イ．第二種製造者は，事業所ごとに，高圧ガスの製造開始の日の20日前までに，その旨を都道府県知事に届け出なければならない．
　　ロ．第二種製造者とは，その製造をする高圧ガスの種類に関係なく，一日の冷凍能力が3トン以上50トン未満である冷凍設備を使用して高圧ガスの製造をする者である．
　　ハ．第二種製造者が製造をする高圧ガスの種類又は製造の方法を変更しようとするとき，その旨を都道府県知事に届け出るべき定めはない．

　　(1) イ　(2) ロ　(3) イ，ハ　(4) ロ，ハ　(5) イ，ロ，ハ

問9　次のイ，ロ，ハの記述のうち，冷凍のため高圧ガスの製造をする第一種製造者について正しいものはどれか．

　　イ．事業所ごとに帳簿を備え，その製造施設に異常があった場合，異常が

あった年月日及びそれに対してとった措置をその帳簿に記載し，記載の日から10年間保存しなければならない．
ロ．従業者に対する保安教育計画を定めなければならないが，その保安教育計画は，冷凍保安責任者及びその代理者に対するものとしなければならない．
ハ．その所有し，又は占有する高圧ガスについて災害が発生したときは，遅滞なく，その旨を都道府県知事又は警察官に届け出なければならない．

(1) イ　(2) ロ　(3) イ, ハ　(4) ロ, ハ　(5) イ, ロ, ハ

問10　次のイ，ロ，ハの記述のうち，冷凍のため高圧ガスの製造をする第一種製造者（認定保安検査実施者である者を除く）が受ける保安検査について正しいものはどれか．
　　イ．保安検査は，特定施設について，その位置，製造及び設備が所定の技術上の規準に適合しているかどうかについて行われる．
　　ロ．製造施設のうち，認定指定設備の部分については，保安検査を受けることを要しない．
　　ハ．保安検査は，都道府県知事又は高圧ガス保安協会若しくは指定保安検査機関が行うものであって，3年以内に少なくとも1回以上行われる．

(1) ロ　(2) ハ　(3) イ, ロ　(4) イ, ハ　(5) イ, ロ, ハ

問11　次のイ，ロ，ハの記述のうち，冷凍のため高圧ガスの製造をする第一種製造者が行う定期自主検査について正しいものはどれか．
　　イ．定期自主検査は，1年に1回以上行わなければならない．
　　ロ．製造施設のうち，認定指定設備の部分については，定期自主検査を行わなくてよい．
　　ハ．選任している冷凍保安責任者又は冷凍保安責任者の代理者以外の者であっても，所定の製造保安責任者免状の交付を受けている者に，定期自主検査の実施について監督を行わせることができる．

(1) イ　(2) ハ　(3) イ, ロ　(4) ロ, ハ　(5) イ, ロ, ハ

問12　次のイ，ロ，ハの記述のうち，冷凍保安責任者を選任しなければならない事業所（1日の冷凍能力が90トンの製造施設（認定指定設備でないもの）を設置しているもの）における冷凍保安責任者及びその代理人について正しいものはどれか．
　　イ．この事業所の冷凍保安責任者の代理者には，第二種冷凍機械責任者免状の交付を受け，かつ，所定の高圧ガスの製造に関する経験を有する者を選任することができる．
　　ロ．この事業所の冷凍保安責任者には，所定の免状の交付を受け，かつ，所

定の高圧ガスの製造に関する経験を有する者のうちから選任しなければならないが，その経験とは，1日の冷凍能力が3トン以上の製造施設を使用して行う高圧ガスの製造に関する1年以上の経験である．
ハ．選任していた冷凍保安責任者及びその代理者を解任し，新たにこれらの者を選任したときは，遅滞なく，その解任及び選任の旨を都道府県知事に届け出なければならない．

(1) イ　(2) ロ　(3) イ，ハ　(4) ロ，ハ　(5) イ，ロ，ハ

問13　次のイ，ロ，ハの記述のうち，冷凍のため高圧ガスの製造をする第一種製造者が定める危害予防規程について正しいものはどれか．
イ．危害予防規程を定め，これを都道府県知事に届け出なければならないが，その危害予防規定を変更したときは，その旨を都道府県知事に届け出る必要はない．
ロ．危害予防規定を守るべき者は，その第一種製造者及びその従業者である．
ハ．危害予防規定に記載すべき事項の一つに，保安管理体制及び冷凍保安責任者の行うべき職務の範囲に関することがある．

(1) イ　(2) ハ　(3) イ，ロ　(4) ロ，ハ　(5) イ，ロ，ハ

問14　次のイ，ロ，ハの記述のうち，冷凍のため高圧ガスの製造をする第一種製造者について正しいものはどれか．
イ．第一種製造者がその事業所内において指定した場所では，その事業所に選任された冷凍保安責任者を除き，何人も火気を取り扱ってはならない．
ロ．第一種製造者からその高圧ガスの製造施設の全部の引渡しを受け都道府県知事の許可を受けた者は，その第一種製造者がその施設についてすでに完成検査を受け，所定の技術上の規準に適合していると認められている場合にあっては，都道府県知事又は高圧ガス保安協会若しくは指定完成検査機関が行う完成検査を受けることなくその施設を使用することができる．
ハ．第一種製造者が製造施設の位置，構造若しくは設備の変更の工事をし，又は製造をする高圧ガスの種類若しくは製造の方法を変更しようとするとき，都道府県知事の許可を受ける場合に適用される技術上の基準は，その第一種製造者が高圧ガスの製造の許可を受けたときの技術上の基準が準用される．

(1) イ　(2) ロ　(3) イ，ハ　(4) ロ，ハ　(5) イ，ロ，ハ

問15　次のイ，ロ，ハの記述のうち，製造設備がアンモニアを冷媒ガスとする定置式製造設備（吸収式アンモニア冷凍機であるものを除く）である第一種製造者の製造施設に係る技術上の基準について冷凍保安規則上正しいものはどれか．

イ．冷媒設備に設けなければならない安全装置は，冷媒ガスの圧力が耐圧試験圧力を超えた場合に直ちに運転を停止するものでなければならない．
ロ．製造設備が専用機械室に設置され，かつ，その室に運転中常時強制換気できる装置を設けている場合であっても，製造施設から漏えいしたガスが滞留するおそれのある場所には，そのガスの漏えいを検知し，かつ，警報するための設備を設けなければならない．
ハ．受液器には，その周囲に，冷媒ガスである液状のアンモニアが漏えいした場合にその流出を防止するための措置を講じなければならないものがあるが，その受液器の内容積が1万ℓであるものは，それに該当しない．

(1) イ　(2) ロ　(3) イ, ハ　(4) ロ, ハ　(5) イ, ロ, ハ

問16　次のイ，ロ，ハの記述のうち，製造設備が定置式製造設備である第一種製造者の製造施設に係る技術上の基準について冷凍保安規則上正しいものはどれか．
イ．受液器には所定の耐震設計の規準により，地震の影響に対して安全な構造としなければならないものがあるが，内容積が3 000ℓのものは，その構造としなくてよい．
ロ．製造設備に設けたバルブ又はコックには，作業員がそのバルブ又はコックを適切に操作することができるような措置を講じなければならないが，そのバルブ又はコックが操作ボタン等により開閉される場合は，操作ボタン等にはその措置を講じなくてよい．
ハ．製造設備の冷媒設備に冷媒ガスの圧力に対する安全装置を設けた場合，この冷媒設備には，圧力計を設ける必要はない．

(1) イ　(2) ロ　(3) イ, ハ　(4) ロ, ハ　(5) イ, ロ, ハ

問17　次のイ，ロ，ハの記述のうち，製造設備が定置式製造設備である第一種製造者の製造施設に係る技術上の規準について冷凍保安規則上正しいものはどれか．
イ．配管以外の冷媒設備について耐圧試験を行うときは，水その他の安全な液体を使用する場合，許容圧力の1.5倍以上の圧力で行わなければならない．
ロ．製造施設には，その製造施設の外部から見やすいように警戒標を掲げなければならない．
ハ．冷媒設備の配管の取替えの工事を行うとき，完成検査における気密試験は，許容圧以上の圧力で行わなければならない．

(1) イ　(2) ハ　(3) イ, ロ　(4) ロ, ハ　(5) イ, ロ, ハ

問18　次のイ，ロ，ハの記述のうち，製造設備がアンモニアを冷媒ガスとする定置式製造設備（吸収式アンモニア冷凍機であるものを除く）である第二種製造者の製造施設に係る技術上の規準について冷凍保安規則上正しいものはどれか．

[実践総合問題1]

イ．受液器にガラス管液面計を設ける場合には，その液面計の破損を防止するたの措置を講じるか，又は受液器とガラス管液面計とを接続する配管にその液面計の破損による漏えいを防止するための措置のいずれかの措置を講じることと定められている．
ロ．冷媒設備の圧縮機を設置する室は，冷媒設備から冷媒ガスであるアンモニアが漏えいしたときに，滞留しないような構造としなければならないものに該当する．
ハ．「製造設備にはアンモニアが漏えいしたときに安全に，かつ，速やかに除害するための措置を講じること．」の定めは，この製造施設には適用されない．

(1) イ　(2) ロ　(3) イ，ハ　(4) ロ，ハ　(5) イ，ロ，ハ

問19　次のイ，ロ，ハの記述のうち，冷凍保安規則に定める第一種製造者の製造の方法に係る技術上の基準に適合しているものはどれか．
イ．冷媒設備の安全弁に付帯して設けた止め弁を，その製造設備の運転終了時から運転開始時までの間，閉止している．
ロ．冷媒設備の修理は，あらかじめ定めた修理の作業計画に従って行ったが，あらかじめ定めた作業の責任者の監視の下で行うことができなかったので，異常があったときに直ちにその旨をその責任者に通報するための措置を講じて行った．
ハ．高圧ガスの製造は，1日に1回以上その製造設備が属する製造施設の異常の有無を点検して行い，異常のあるときはその設備の補修その他の危険を防止する措置を講じて行っている．

(1) イ　(2) ハ　(3) イ，ロ　(4) ロ，ハ　(5) イ，ロ，ハ

問20　次のイ，ロ，ハの記述のうち，認定指定設備について冷凍保安規則上正しいものはどれか．
イ．認定指定設備に変更の工事を施すと，指定設備認定証が無効になる場合がある．
ロ．「指定設備の日常の運転操作に必要となる冷媒ガスの止め弁には，手動式のものを使用しないこと」は，製造設備が認定指定設備である条件の一つである．
ハ．「指定設備の冷媒設備は，使用場所である事業所に分割して搬入され，一つの架台上に組み立てられていること」は，製造設備が認定指定設備である条件の一つである．

(1) イ　(2) ハ　(3) イ，ロ　(4) ロ，ハ　(5) イ，ロ，ハ

○ 実践総合問題 1〈解答・解説〉

〈解答〉

問題番号	1	2	3	4	5	6	7	8	9	10	11	12	13	14	15	16	17	18	19	20
解答番号	3	2	3	4	1	5	1	1	3	5	1	5	4	4	2	1	5	2	4	3

〈解説〉

問1　正解　(3) イ, ロ

　イ…正　記述のとおり．
　ロ…正　記述のとおり．
　ハ…誤
　　常用の温度において圧力が0.1MPaであっても，圧力が0.2MPaとなる温度が35℃以下である液化ガスは，高圧ガスである．

問2　正解　(2) ロ

　イ…誤
　　製造のための施設の位置，構造又は設備について省令に定められた軽微な変更の工事をしたときは，その完成後遅滞なく，その旨を都道府県知事に届け出なければならないと定められている．したがって，都道府県知事の許可を受ける必要はなく，完成検査も受ける必要はない．
　ロ…正　記述のとおり．
　ハ…誤
　　不活性のフルオロカーボンを冷媒ガスとする1日の冷凍能力が20トン以上50トン未満の設備を使用して冷凍のための高圧ガスの製造をしようとする者は，都道府県知事に届け出なければならない．都道府県知事の許可を受けなければならないのは，50トン以上の設備を使用して冷凍のための高圧ガスの製造をしようとする者である（図a参照）．

図a　高圧ガス製造業者の区分

[解答・解説] 193

問3　正解（3）イ，ロ
　　イ…正　記述のとおり．
　　ロ…正　記述のとおり．
　　ハ…誤
　　　1日の冷凍能力が3トン以上（不活性のフルオロカーボンにあっては5トン以上）の冷凍機を製造する機器製造業者は，機器の製造に係る技術上の基準に従って冷凍設備に用いる機器を製造しなければならないと定められている．なお，不活性のフルオロカーボンにあっては1日の冷凍能力が5トン以上の冷凍機に用いるものとなっていることに注意する．

問4　正解（4）ロ，ハ
　　イ…誤
　　　「充てん容器等を車両に積載して移動するとき（容器の内容積が20ℓ以下である充てん容器等（毒性ガスに係るものを除く）のみを積載した車両であって，その積載容器の内容積の合計が40ℓ以下である場合を除く）は，その車両の見やすい箇所に警戒標を掲げること．ただし，次に掲げるもののみを積載した車両にあっては，この限りでない．」と定められている．ただし書きには，液化フルオロカーボン（不活性のものに限る）の充てん容器を移動する場合の除外規定はない．なお，充てん容器及び残ガス容器を充てん容器等という．
　　ロ…正　記述のとおり．
　　ハ…正　記述のとおり．

問5　正解（1）イ
　　イ…正　記述のとおり．
　　ロ…誤
　　　充てんする容器にすべき表示の一つに，その容器の外面にそのガスの性質を示す文字の明示があるが，その文字として，「充てんすることができる高圧ガスが可燃性ガス及び毒性ガスの場合にあっては，その高圧ガスの性質を示す文字（可燃性ガスにあっては「燃」，毒性ガスにあっては「毒」）」と定められている．液化アンモニアは可燃性ガスであり毒性ガスでもあるので，その充てん容器の外面には，「燃」及び「毒」の両方を明示しなければならない．
　　ハ…誤
　　　容器に刻印をすべき事項の一つとして「容器検査に合格した年月（内容積が4 000ℓ以上の容器，高圧ガス運送自動車用容器，圧縮天然ガス自動車燃料装置用容器，圧縮水素自動車燃料装置用容器及び液化天然ガス自動車燃料装置用容器にあっては，容器検査に合格した年月日）」が定められている．ただし，その容器が受けるべき次回の容器再検査の年月刻印は定められていない．

問6　正解（5）イ，ロ，ハ
　　イ…正　記述のとおり．
　　ロ…正　記述のとおり．
　　ハ…正　記述のとおり．

問7　正解（1）イ
　　イ…正　記述のとおり．
　　ロ…誤
　　　往復動式圧縮機を使用する冷凍設備の1日の冷凍能力の算定は，次の算式による．1日の冷凍能力 $R = \dfrac{V}{C}$ 〔トン〕
　　　　　C：冷媒ガスの種類に応じた数値
　　　　　V：圧縮機の標準回転速度における1時間のピストン押しのけ量〔m³〕
　　　したがって，冷媒設備内の冷媒ガスの充てん量の数値は，必要な数値として定められていない．
　　ハ…誤
　　　圧縮機の標準回転速度における1時間のピストン押しのけ量の数値は，多段圧縮方式又は多元冷凍方式による製造設備，回転ピストン型圧縮機を用する製造設備等の1日の冷凍能力の算定に必要な数値の一つであるが，遠心式圧縮機を使用する冷凍設備の冷凍能力の算定に必要な数値としては定められていない．なお遠心式圧縮機を使用する冷凍設備の1日の冷凍能力の算定に必要な数値の一つとして，圧縮機の原動機の定格出力 1.2〔kW〕がある．

問8　正解（1）イ
　　イ…正　記述のとおり．
　　ロ…誤
　　　第二種製造者とは，1日の冷凍能力が，不活性のフルオロカーボンでは20トン以上50トン未満，アンモニア及び不活性以外のフルオロカーボンでは5

法定冷凍トン		3	5	20	50	〔トン〕
フルオロカーボン	不活性ガス	適用除外	その他の製造者	第二種製造者	第一種製造者
	不活性以外のガス	適用除外	その他の製造者	第二種製造者	第一種製造者
アンモニア		適用除外	その他の製造者	第二種製造者	第一種製造者
その他のガス		適用除外	第二種製造者	第一種製造者

※その他のガスとは，ヘリウム，プロパン，二酸化炭素等である．
図 b　高圧ガス製造業者の区分（再提示）

トン以上50トン未満，その他のガスでは3トン以上20トン未満の高圧ガスを製造する者である．

ハ…誤

「第二種製造者は，製造のための施設の位置，構造若しくは設備の変更の工事をし，又は製造をする高圧ガスの種類若しくは製造の方法を変更しようとするときは，あらかじめ，都道府県知事に届け出なければならない．ただし，製造のための施設の位置，構造又は設備について経済産業省令で定める軽微な変更の工事をしようとするときは，この限りでない．」と定められている．

問9　正解 (3)　イ，ハ

イ…正　記述のとおり．

ロ…誤

「第一種製造者は，その従業者に対する保安教育計画を定めなければならない．」と定められている．したがって，第一種製造者（事業者）が定める保安教育計画は，冷凍保安責任者及びその代理者を含め，その事業者の従業者に対する保安教育計画を定めなければならない．

ハ…正　記述のとおり．

問10　正解 (5)　イ，ロ，ハ

イ…正　記述のとおり．

ロ…正　記述のとおり．

ハ…正　記述のとおり．

問11　正解 (1)　イ

イ…正　記述のとおり．

ロ…誤

「第一種製造者，認定を受けた設備を使用する第二種製造者若しくは第二種製造者であって1日に製造する高圧ガスの容積が省令で定めるガスの種類ごとに省令で定める量以上である者又は特定高圧ガス消費者は，製造又は消費のための施設であって省令で定めるものについて，省令で定めるところにより，定期に，保安のための自主検査を行い，その検査記録を作成し，これを保存しなければならない．」と定められている．したがって，認定指定設備も定期に，保安のための自主検査を行い，その検査記録を作成し，これを保存しなければならない．

ハ…誤

「第一種製造者又は第二種製造者は，定期自主検査を行うときは，その選任した冷凍保安責任者にその自主検査の実施について監督を行わせなければならない．」と定められている．したがって，あらかじめ選任された冷凍保安責任

者の代理者以外にその職務の代行をさせることはできない．

問12 正解（5）イ，ロ，ハ
イ…正　記述のとおり．
ロ…正　記述のとおり．
ハ…正　記述のとおり．

問13 正解（4）ロ，ハ
イ…誤
「第一種製造者は，省令で定める事項について記載した危害予防規程を定め，省令で定めるところにより，都道府県知事に届け出なければならない．これを変更したときも，同様とする．」と定められている．したがって，第一種製造者は，所定の事項を記載した危害予防規程を定め，これを都道府県知事に届け出なければならないが，これを変更したときも同様に届け出なければならない．
ロ…正　記述のとおり．
ハ…正　記述のとおり．

問14 正解（4）ロ，ハ
イ…誤
「何人も，第一種製造者等が指定する場所で火気を取り扱ってはならない．」と定められている．したがって，冷凍保安責任者はもちろん，従業員，役員でも指定場所での火気取扱いは禁止である．
ロ…正　記述のとおり．
ハ…正　記述のとおり．

問15 正解（2）ロ
イ…誤
「冷媒設備には，その設備内の冷媒ガスの圧力が許容圧力を超えた場合に直ちに許容圧力以下に戻すことができる安全装置を設けること．」と定められている．
ロ…記述のとおり．
ハ…誤
「毒性ガスを冷媒ガスとする冷媒設備に係る受液器であって，その内容積が1万ℓ以上のものの周囲には，液状のそのガスが漏えいした場合にその流出を防止するための措置を講ずること．」と定められている．したがって，液状のアンモニアを冷媒ガスとする受液器の内容積が1万ℓ（1万ℓ以上とは1万ℓを含む）であるものは，この規定に該当する．

問 16　正解 (1) イ

イ…正　記述のとおり．

ロ…誤

「製造設備に設けたバルブ又はコック（操作ボタン等によりそのバルブ又はコックを開閉する場合にあっては，その操作ボタン等とし，操作ボタン等を使用することなく自動制御で開閉されるバルブ又はコックを除く．以下同じ）には，作業員がそのバルブ又はコックを適切に操作することができるような措置を講ずること．」と定められている．したがって，製造設備に設けたバルブ又はコックが操作ボタン等により開閉される場合にあっては，その操作ボタン等に従業員が適切に操作することができるような措置を講じなければならない．

ハ…誤

「冷媒設備（圧縮機（その圧縮機が強制潤滑方式であって，潤滑油圧力に対する保護装置を有するものは除く）の油圧系統を含む）には，圧力計を設けること．」と定められている．冷媒設備には，圧力計を設けることと定められており，安全装置を設けることによる除外規定はない．

問 17　正解 (5) イ，ロ，ハ

イ…正　記述のとおり．

ロ…正　記述のとおり．

ハ…正　記述のとおり．

問 18　正解 (2) ロ

イ…誤

「受液器にガラス管液面計を設ける場合には，そのガラス管液面計にはその破損を防止するための措置を講じ，その受液器（可燃性ガス又は毒性ガスを冷媒ガスとする冷媒設備に係るものに限る）とそのガラス管液面計とを接続する配管には，当該ガラス管液面計の破損による漏えいを防止するための措置を講ずること．」と定められている．したがって，受液器のガラス管液面計にはその破損防止措置と受液器とそのガラス管液面計とを接続する配管には，そのガラス管液面計破損による漏えい防止措置のいずれも講じなければならない．

ロ…正　記述のとおり．

ハ…誤

「毒性ガスの製造設備には，そのガスが漏えいしたときに安全に，かつ，速やかに除害するための措置を講ずること．ただし，吸収式アンモニア冷凍機については，この限りでない．」と定められている．したがって，アンモニア（可燃性ガスであり毒性ガスである）を冷媒ガスとする定置式製造設備には，この規定が適用される．

問19 正解 (4) ロ，ハ
イ…誤
「安全弁に付帯して設けた止め弁は，常に全開しておくこと．ただし，安全弁の修理又は清掃（以下「修理等」という）のため特に必要な場合は，この限りでない．」と定められている．したがって，安全弁に付帯して設けた止め弁は，特に必要な場合を除いて製造設備の運転終了時から運転開始時までの間であっても閉止してはならない．
ロ…正　記述のとおり．
ハ…正　記述のとおり．

問20 正解 (3) イ，ロ
イ…正　記述のとおり．
ロ…正　記述のとおり．
ハ…誤
製造設備が認定指定設備である条件の一つとして，「指定設備の冷媒設備は，事業所において脚上又は一つの架台上に組み立てられていること．」及び「指定設備の冷媒設備は，事業所において試運転を行い，使用場所に分割されずに搬入されるものであること．」と定められている．したがって，指定設備は，その設備の製造業者の事業所において，試運転を行い，使用場所に分割されずに搬入されたものでなければならない．

◇ 実践総合問題 2

次の各問について，高圧ガス保安法に係る法令上正しいと思われる最も適切な答えをその問の下に掲げてある (1), (2), (3), (4), (5) の選択肢の中から 1 個選びなさい．

なお，経済産業大臣が危険のおそれのないと認めた場合等における規定は適用しない．

問 1　次のイ，ロ，ハの記述のうち，正しいものはどれか．
　　イ．圧力が 0.2 MPa となる場合の温度が 30℃である液化ガスであって，常用の温度において圧力が 0.15 MPa であるものは高圧ガスではない．
　　ロ．常用の温度 40℃において圧力が 1 MPa となる圧縮ガス（圧縮アセチレンガスを除く）であって，現在の圧力が 0.9 MPa のものは高圧ガスではない．
　　ハ．1 日の冷凍能力が 3 トン以上 5 トン未満の冷凍設備内における高圧ガスは，そのガスの種類にかかわらず高圧ガス保安法の適用を受けない．

　　(1) イ　　(2) ロ　　(3) イ，ハ　　(4) ロ，ハ　　(5) イ，ロ，ハ

問 2　次のイ，ロ，ハの記述のうち，正しいものはどれか．
　　イ．第一種製造者は，その製造の方法を変更しようとするときは，都道府県知事の許可を受ける必要はないが，軽微な変更として変更後遅滞なく，その旨を都道府県知事に届け出なければならない．
　　ロ．冷凍のため高圧ガスの製造をする第一種製造者が製造設備以外の製造施設に係る設備の取替え工事を行う場合，軽微な変更の工事として，その完成後遅滞なく，都道府県知事にその旨を届け出ればよい．
　　ハ．もっぱら冷凍設備に用いる機器であって，定められたものの製造の事業を行う者（機器製造業者）は，所定の技術上の基準に従ってその機器を製造しなければならない．

　　(1) イ　　(2) ハ　　(3) イ，ロ　　(4) ロ，ハ　　(5) イ，ロ，ハ

問 3　次のイ，ロ，ハの記述のうち，正しいものはどれか
　　イ．高圧ガス保安法は，高圧ガスによる災害を防止して公共の安全を確保する目的のため，高圧ガス保安協会による高圧ガスの保安に関する自主的な活動を促進することも定めている．
　　ロ．容器に充てんされた冷媒ガス用の高圧ガスの販売の事業を営もうとする

者（定められたものを除く）は，販売所ごとに事業開始後，遅滞なく，その旨を都道府県知事に届け出なければならない．
ハ．冷凍のための製造施設の冷媒設備内の高圧ガスであるアンモニアを廃棄するときには，高圧ガスの廃棄に係る技術上の基準は適用されない．

(1) イ　(2) ハ　(3) イ，ロ　(4) ロ，ハ　(5) イ，ロ，ハ

問4　次のイ，ロ，ハの記述のうち，冷凍のため高圧ガスの製造をする第二種製造者について正しいものはどれか．
イ．製造をする高圧ガスの種類がフルオロカーボン（不活性のものに限る）である場合，一日の冷凍能力が20トン以上50トン未満である冷凍設備を使用して高圧ガスの製造をする者は，第二種製造者である．
ロ．すべての第二種製造者は，冷凍保安責任者及びその代理者を選任する必要はない．
ハ．第二種製造者が，製造をする高圧ガスの種類を変更しようとするとき，その旨を都道府県知事に届け出るべき定めはない．

(1) イ　(2) ロ　(3) イ，ハ　(4) ロ，ハ　(5) イ，ロ，ハ

問5　次のイ，ロ，ハの記述のうち，冷凍設備の冷媒ガスの補充用の高圧ガスを車両に積載した容器（内容積が48ℓのもの）により移動する場合について一般高圧ガス保安規則上正しいものはどれか．
イ．液化アンモニアを移動するときは，その充てん容器には，転落，転倒等による衝撃及びバルブの損傷を防止するための措置を講じ，かつ，粗暴な取扱いをしてはならないが，液化フルオロカーボン（不活性のものに限る．）を移動するときは，その必要はない．
ロ．液化アンモニアを移動するとき，その高圧ガスの名称，性状及び移動中の災害防止のために必要な注意事項を記載した書面を運転者に交付し，移動中携帯させ，これを遵守させなければならないのは，移動する液化アンモニアの質量が3 000 kg以上の場合に限られている．
ハ．液化アンモニアを移動するときは，防毒マスク，手袋その他の保護具並びに災害発生防止のための応急措置に必要な資材，薬剤及び工具等のほか，消火設備を携行しなければならない．

(1) イ　(2) ハ　(3) イ，ロ　(4) ロ，ハ　(5) イ，ロ，ハ

問6　次のイ，ロ，ハの記述のうち，高圧ガスを充てんするための容器（再充てん禁止容器を除く）について正しいものはどれか．
イ．液化アンモニアを充てんする容器には，その充てんすべき高圧ガスの名称が刻印で示されているので，アンモニアの性質を示す文字を明示すれ

ば，そのガスの名称は明示する必要はない．
ロ．容器に充てんする液化ガスは，その容器の内容積に関係なく，容器に刻印等又は自主検査刻印等で示された最高充てん質量以下のものでなければならない．
ハ．容器検査に合格した容器に刻印されている「TP2.9M」は，その容器の耐圧試験における圧力が 2.9 MPa であることを表している．

(1) イ　(2) ロ　(3) ハ　(4) ロ，ハ　(5) イ，ロ，ハ

問 7　次のイ，ロ，ハの記述のうち，冷凍能力の算定基準について冷凍保安規則上正しいものはどれか．
　　イ．蒸発器の冷媒ガスに接する側の表面積の数値は，吸収式冷凍設備の 1 日の冷凍能力の算定に必要な数値の一つである．
　　ロ．冷媒設備内の冷媒ガスの充てん量の数値は，自然環流式冷凍設備の 1 日の冷凍能力の算定に必要な数値の一つである．
　　ハ．圧縮機の標準回転速度における 1 時間のピストン押しのけ量の数値は，回転ピストン型圧縮機を使用する冷凍設備の 1 日の冷凍能力の算定に必要な数値の一つである．

(1) イ　(2) ハ　(3) イ，ロ　(4) ロ，ハ　(5) イ，ロ，ハ

問 8 から問 13 までの問題は，次の例による事業所に関するものである．
[例] 冷凍のため，次に掲げる高圧ガスの製造施設を有する事業所
　　　製造設備の種類：定置式製造設備（一つの製造設備であって，専用機械室に設置してあるもの）
　　　冷媒ガスの種類：アンモニア
　　　冷媒設備の圧縮機：容積圧縮式（往復動式）4 基
　　　1 日の冷凍能力：250 トン
　　　主な冷媒設備：凝縮器（横置円筒形で胴部の長さが 3 m のもの）
　　　　　　　　　：受液器（内容積が 4 000 ℓ のもの）

問 8　次のイ，ロ，ハの記述のうち，この事業者について正しいものはどれか．
　　イ．この事業者は，危害予防規程を定め，従業者とともに，これを忠実に守らなければならないが，その危害予防規程を都道府県知事に届け出るべき定めはない．
　　ロ．この製造施設に異常があったとき，この事業者がその年月日及びそれに対してとった措置を記載すべき帳簿の保存期間は，記載の日から 10 年と定められている．
　　ハ．この製造施設の高圧ガスについて災害が発生したときは，遅滞なく，そ

の旨を都道府県知事又は警察官に届け出なければならない.

(1) ロ　(2) ハ　(3) イ, ハ　(4) ロ, ハ　(5) イ, ロ, ハ

問9　次のイ，ロ，ハの記述のうち，この事業者について正しいものはどれか．
　　イ．この事業者が事業所内において指定する場所では，この事業所の従業者といえども，何人も火気を取り扱ってはならない．
　　ロ．この製造施設が危険な状態になったことを発見したときは，直ちに都道府県知事又は警察官，消防吏員若しくは消防団員若しくは海上保安官に届け出なければならないが，応急の措置を講じるべき定めはない．
　　ハ．この事業者は，従業員に対する保安教育計画を定め，これを忠実に実行しなければならないが，その保安教育計画を都道府県知事に届け出るべき定めはない．

(1) イ　(2) ハ　(3) イ, ハ　(4) ロ, ハ　(5) イ, ロ, ハ

問10　次のイ，ロ，ハの記述のうち，この事業所の冷凍保安責任者及びその代理者について正しいものはどれか．
　　イ．この事業所の冷凍保安責任者には，第二種冷凍機械責任者免状の交付を受けている者であって，1日の冷凍能力が20トンである製造施設を使用して行う高圧ガスの製造に関する1年の経験を有している者を選任することができる．
　　ロ．この事業所の冷凍保安責任者が旅行などのためその職務を行うことができない場合，あらかじめ選任した冷凍保安責任者の代理者にその職務を代行させなければならない．この場合，この代理者は，高圧ガス保安法の規定の適用については，冷凍保安責任者とみなされる．
　　ハ．この事業所に選任している冷凍保安責任者を解任し新たな者を選任したときは，遅滞なく，その解任及び選任の旨を都道府県知事に届け出なければならないが，冷凍保安責任者の代理者を解任及び選任したときには，その必要はない．

(1) イ　(2) ロ　(3) イ, ロ　(4) ロ, ハ　(5) イ, ロ, ハ

問11　次のイ，ロ，ハの記述のうち，この事業所の製造施設の冷媒ガスの補充用としての容器による液化アンモニア（質量が50kgのもの）の貯蔵について一般高圧ガス保安規則上正しいものはどれか．
　　イ．貯蔵の方法に係る技術上の基準に従って貯蔵しなければならない液化アンモニアは，その質量が1.5kgを超えるものである．
　　ロ．この液化アンモニアの充てん容器及び残ガス容器の貯蔵は，通風の良い場所でしなければならない．

ハ．この液化アンモニアの充てん容器及び残ガス容器を置く容器置場の周囲2m以内においては，火気の使用を禁じ，かつ，引火性又は発火性の物を置くことが禁止されているが，容器と火気又は引火性若しくは発火性の物の間を有効に遮る措置を講じた場合は，この限りでない．

(1) イ　(2) ロ　(3) イ, ロ　(4) ロ, ハ　(5) イ, ロ, ハ

問12　次のイ，ロ，ハの記述のうち，この事務所に適用される技術上の基準について正しいものはどれか．

イ．専用機械室内に運転中常時強制換気できる装置を設けてある場合は，冷媒設備の安全弁に設けた放出管の開口部の位置については，特に定めがない．

ロ．受液器の液面計に丸形ガラス管液面計以外のガラス管液面計を使用している場合は，その液面計には破損を防止するための措置を講じなくてよい．

ハ．専用機械室に設置されているこの製造設備には，冷媒ガスであるアンモニアが漏えいしたときに安全にかつ，速やかに除害するための措置を講じなければならない．

(1) イ　(2) ロ　(3) ハ　(4) イ, ハ　(5) イ, ロ, ハ

問13　次のイ，ロ，ハの記述のうち，この事業所に適用される技術上の基準について正しいものはどれか．

イ．この製造施設から漏えいするガスが滞留するおそれのある場所にそのガスの漏えいを検知し，かつ，警報するための設備を設けた場合であっても，この製造施設には消火設備を設けなければならない．

ロ．この受液器は，その周囲に，冷媒ガスである液状のアンモニアが漏えいした場合にその流出を防止するための措置を講じなければならないものに該当しない．

ハ．この製造設備の専用機械室は，冷媒ガスであるアンモニアが漏えいしたとき滞留しないような構造としなければならない．

(1) イ　(2) イ, ロ　(3) イ, ハ　(4) ロ, ハ　(5) イ, ロ, ハ

問14から問20までの問題は，次の例による事業所に関するものである．

[例] 冷凍のため，次に掲げる高圧ガスの製造施設を有する事業所
　　なお，この事業者は，認定完成検査実施者及び認定保安検査実施者ではない．

製造設備の種類：定置式製造設備A（冷媒設備が1の架台上に一体に組み立てられていないもの）1基

　　　　　　　：定置式製造設備B（認定指定設備）1基

これら2基はブナインを共通とし，同一の専用機械室に設置して

ある．
冷媒ガスの種類：設備A及び設備Bとも，フルオロカーボン134a
冷媒設備の圧縮機：設備A及び設備Bとも，遠心式
1日の冷凍能力：700トン（設備A：350トン，設備B：350トン）
主な冷媒設備：凝縮器（設備A：横置円筒形で胴部の長さが5mのもの）

問14 次のイ，ロ，ハの記述のうち，正しいものはどれか．
イ．この製造施設にブラインを共通に使用する認定指定設備である定置式製造設備Cを増設する工事は，定められた軽微な変更の工事に該当する．
ロ．製造設備Aの冷媒設備に係る切断，溶接を伴わない圧縮機の取替えの工事であって，その取り替える圧縮機の冷凍能力の変更がない場合は，軽微な変更の工事として，その完成後遅滞なく，都道府県知事に届け出ればよい．
ハ．この事業者が高圧ガスの製造事業の全部をほかの事業者に譲り渡したときは，その事業の全部を譲り受けた者はその第一種製造者の地位を承継する．

(1) イ　(2) ロ　(3) ハ　(4) イ, ロ　(5) イ, ロ, ハ

問15 次のイ，ロ，ハの記述のうち，この事業者が受ける保安検査について正しいものはどれか．
イ．保安検査は，高圧ガスの製造の方法が所定の技術上の基準に適合しているかどうかについて行われる．
ロ．保安検査は，製造設備Bの部分を除く製造施設について，都道府県知事，高圧ガス保安協会又は指定保安検査機関が行う．
ハ．保安検査は，3年以内に少なくとも1回以上行われる．

(1) ロ　(2) ハ　(3) イ, ハ　(4) ロ, ハ　(5) イ, ロ, ハ

問16 次のイ，ロ，ハの記述のうち，この事業者が行う定期自主検査について正しいものはどれか．
イ．定期自主検査は，製造設備Aについては1年に1回以上，製造設備Bについては3年に1回以上行わなければならないと定められている．
ロ．定期自主検査を行うときには，この事業所の冷凍保安責任者にその実施について監督を行わせなければならない．
ハ．定期自主検査の検査記録に記載すべき事項の一つに検査をした製造施設の設備ごとの検査方法及び結果がある．

(1) ロ　(2) イ, ロ　(3) イ, ハ　(4) ロ, ハ　(5) イ, ロ, ハ

問17 次のイ，ロ，ハの記述のうち，この事業所に適用される技術上の基準について正しいものはどれか．
　　イ．これらの圧縮機が引火性又は発火性の物（作業に必要なものを除く）をたい積した場所の付近にあってはならない旨の定めは，フルオロカーボン134aを冷媒ガスに使用しているこの事業所には適用されない．
　　ロ．配管を除く冷媒設備について行う耐圧試験は，水その他の安全な液体を使用して行うことが困難であると認められるときは，空気，窒素などの気体を使用して行ってもよい．
　　ハ．製造設備に設けたバルブが操作ボタン等により開閉され，かつ，その操作ボタン等が日常の運転操作に必要としないものである場合は，その操作ボタン等には，作業員が適切に操作することができる措置を講じる必要はない．

　　(1) イ　　(2) ロ　　(3) イ，ロ　　(4) イ，ハ　　(5) ロ，ハ

問18 次のイ，ロ，ハの記述のうち，この事業所に適用される技術上の基準について正しいものはどれか．
　　イ．製造施設Aに係る凝縮器は，「所定の耐震設計の基準により，地震の影響に対して安全な構造とすること」の定めに該当しない．
　　ロ．製造設備Aに係る冷媒設備の配管の変更工事の完成検査における気密試験は，安全装置が作動しないように許容圧力未満の圧力で行うことができる．
　　ハ．製造設備Bの冷媒設備には，自動制御装置が設けてあるので，圧力計を設けることを要しない．

　　(1) イ　　(2) ロ　　(3) イ，ロ　　(4) イ，ハ　　(5) ロ，ハ

問19 次のイ，ロ，ハの記述のうち，この事業所に適用される技術上の基準に適合しているものはどれか．
　　イ．製造設備の運転を長期に停止したが，その間も冷媒設備の安全弁に付帯して設けた止め弁は，全開しておいた．
　　ロ．高圧ガスの製造は，製造施設のうち，製造設備Bの部分を除き，異常の有無を点検して行っている．
　　ハ．冷媒設備の修理をするとき，あらかじめ定めた作業計画に従い作業を行うこととしたので，その作業の責任者を定めなかった．

　　(1) イ　　(2) ロ　　(3) イ，ロ　　(4) イ，ハ　　(5) ロ，ハ

問20 次のイ，ロ，ハの記述のうち，この事業所の製造設備Bが認定指定設備である条件として冷凍保安規則上正しいものはどれか．

　　イ．冷媒設備は，この設備の製造業者の事業所において，脚上又は一つの架台上に組み立てられていること．
　　ロ．日常の運転操作に必要となる冷媒ガスの止め弁には，手動式のものを使用しないこと．
　　ハ．冷媒設備は，この設備の製造業者の事業所において試運転を行い，使用場所に分割されずに搬入されること．

　　　(1) イ　(2) ロ　(3) イ，ハ　(4) ロ，ハ　(5) イ，ロ，ハ

○ 実践総合問題 2 〈解答・解説〉

〈解答〉

問題番号	1	2	3	4	5	6	7	8	9	10	11	12	13	14	15	16	17	18	19	20
解答番号	2	4	1	1	2	3	2	4	3	3	5	3	5	4	4	4	2	1	1	5

〈解説〉

問1　正解 (2) ロ

　イ…誤
　　常用の温度において圧力が0.15MPaであっても，圧力が0.2MPaとなる温度が35℃以下である液化ガスは，高圧ガスである．
　ロ…正　記述のとおり．
　ハ…誤
　　1日の冷凍能力が3トン以上5トン未満の冷凍設備内における高圧ガスの場合，不活性以外のフルオロカーボン及びアンモニアは，高圧ガス保安法の適用を受けるが，不活性のフルオロカーボンに限り高圧ガス保安法の適用を受けないと定められている．なお，1日の冷凍能力が3トン未満の冷凍設備内における高圧ガスは，その種類にかかわらず高圧ガス保安法の適用を受けないが，冷凍能力が3トン以上5トン未満の冷凍設備内における高圧ガスの場合，不活性のフルオロカーボンに限り高圧ガス保安法の適用を受けないと定められている．

問2　正解 (4) ロ，ハ

　イ…誤
　　「第一種製造者は，製造のための施設の位置，構造若しくは設備の変更の工事をし，又は製造をする高圧ガスの種類若しくは製造の方法を変更しようとするときは，都道府県知事の許可を受けなければならない．ただし，製造のための施設の位置，構造又は設備について省令で定める軽微な変更の工事をしようとするときは，この限りでない．」と定められている．又，「第一種製造者は，軽微な変更の工事をしたときは，その完成後遅滞なく，その旨を都道府県知事に届け出なければならない．」と定められている．
　ロ…正　記述のとおり．
　ハ…正　記述のとおり．

問3　正解（1）イ
　　イ…正　記述のとおり．
　　ロ…誤
　　　高圧ガスの販売の事業を営もうとする者は，特に定められた場合を除き，販売所ごとに事業開始の日の20日前までに，販売をする高圧ガスの種類を記載した書面その他省令で定める書類を添えて，その旨を都道府県知事に届け出なければならないと定められている．
　　ハ…誤
　　　「省令で定める高圧ガスの廃棄は，廃棄の場所，数量その他廃棄の方法について省令で定める技術上の基準に従ってしなければならない．」と定められている．冷凍保安規則で，廃棄に係る技術上の基準に従うべき高圧ガスは可燃性ガス及び毒性ガスと指定されているので，可燃性ガス及び毒性ガスであるアンモニアはこの規定が適用される．

問4　正解（1）イ
　　イ…正　記述のとおり．
　　ロ…誤
　　　冷凍能力が20トン以上である不活性以外のフルオロカーボン，アンモニアを冷媒ガスとする第二種製造者は，事業所ごとに冷凍機械責任者免状の交付を受け，かつ，所定の経験を有する者を冷凍保安責任者及びその代理者として選任しなければならない．
　　　ただし，アンモニアを冷媒ガスとする1日の冷凍能力が20トン以上50トン未満の設備で，冷規第36条第2項第1号の基準に適合する施設（ユニット型冷凍設備）で高圧ガスの製造をする第二種製造者は除かれる．
　　ハ…誤
　　　「第二種製造者は，製造のための施設の位置，構造若しくは設備の変更の工事をし，又は製造をする高圧ガスの種類若しくは製造の方法を変更しようとするときは，あらかじめ，都道府県知事に届け出なければならない．ただし，製造のための施設の位置，構造又は設備について省令で定める軽微な変更の工事をしようとするときは，この限りでない．」と定められている．製造をする高圧ガスの種類の変更は，届出が不要な軽微な変更には該当しない．

問5　正解（2）ハ
　　イ…誤
　　　高圧ガスを移動するときには，「充てん容器等（内容積が5ℓ以下のものを除く）には，転落，転倒等による衝撃及びバルブの損傷を防止する措置を講じ，かつ，粗暴な取扱いをしないこと．」と定められている．したがって，充てん容器等は，ガスの種類に関係なく，所定の保安上の必要な措置を講じ，積載力

[解答・解説]　209

法及移動方法について技術上の基準に従ってしなければならない.
　ロ…誤
　　「可燃性ガス,毒性ガス又は酸素の高圧ガスを移動するときは,その高圧ガスの名称,性状及び移動中の災害防止のために必要な注意事項を記載した書面を運転者に交付し,移動中携帯させ,これを遵守させること.ただし,容器の内容積が20ℓ以下である充てん容器等(毒性ガスに係るものを除く)のみを積載した車両であって,その積載容器の内容積の合計が40ℓ以下である場合にあっては,この限りでない.」と定められている.毒性ガスである液化アンモニアを移動する場合は,その質量の多少にかかわらず,この規定を遵守しなければならない.
　ハ…正　記述のとおり.

問6　正解 (3) ハ
　イ…誤
　　高圧ガスを充てんするための容器には,その容器の外面に明示するものとして,「充てんすることができる高圧ガスの名称」及び「充てんすることができる高圧ガスが可燃性ガス及び毒性ガスの場合にあっては,当該高圧ガスの性質を示す文字(可燃性ガスにあつては「燃」,毒性ガスにあっては「毒」)」と定められている.
　ロ…誤
　　容器に充てんする高圧ガスは,「刻印等又は自主検査刻印等において示された種類の高圧ガスであり,かつ,圧縮ガスにあってはその刻印等又は自主検査刻印等において示された圧力以下のものであり,液化ガスにあっては省令で定める方法によりその刻印等又は自主検査刻印等において示された内容積に応じて計算した質量以下のものであること.」と定められている.なお,容器に充てんすることができる液化ガスの最大充てん質量は,容器にされる刻印又は自主検査刻印若しくは表示によって示されていない.
　ハ…正　記述のとおり.

問7　正解 (2) ハ
　イ…誤
　　蒸発部又は蒸発器の冷媒ガスに接する側の表面積の数値は,自然環流式冷凍設備及び自然循環式冷凍設備を使用する冷凍設備の1日の冷凍能力の算定に必要な数値の一つであるが,吸収式冷凍設備の冷凍能力の算定に必要な数値としては定められていない.なお,吸収式冷凍設備の1日の冷凍能力の算定に必要な数値の一つとして,発生器を加熱する1時間の入熱量27 800〔kJ〕がある.
　ロ…誤

自然環流式冷凍設備及び自然循環式冷凍設備の1日の冷凍能力の算定は，次の算式による．

　　1日の冷凍能力　　$R = QA$〔トン〕
　　　　Q：冷媒ガスの種類に応じた数値
　　　　A：蒸発部又は蒸発器の冷媒ガスの接する表面積〔m²〕

　したがって，冷媒設備内の冷媒ガスの充てん量の数値は，必要な数値として定められていない．

　ハ…正　記述のとおり．

問8　正解（4）ロ，ハ
　イ…誤
　「第一種製造者は，省令で定める事項について記載した危害予防規程を定め，省令で定めるところにより，都道府県知事に届け出なければならない．これを変更したときも，同様とする．」又，「第一種製造者及びその従業者は，危害予防規程を守らなければならない．」と定められている．
　したがって，この事業者（第一種製造者）は，所定の危害予防規程を定め，都道府県知事に届け出なければならず，事業者及びその従業者は，この危害予防規程を守らなければならない．
　ロ…正　記述のとおり．
　ハ…正　記述のとおり．

問9　正解（3）イ，ハ
　イ…正　記述のとおり．
　ロ…誤
　「高圧ガスの製造のための施設，貯蔵所，販売のための施設，特定高圧ガスの消費のための施設又は高圧ガスを充てんした容器が危険な状態となったときは，高圧ガスの製造のための施設，貯蔵所，販売のための施設，特定高圧ガスの消費のための施設又は高圧ガスを充てんした容器の所有者又は占有者は，直ちに，経済産業省令で定める災害の発生の防止のための応急の措置を講じなければならない．」又，「前項の事態を発見した者は，直ちに，その旨を都道府県知事又は警察官，消防吏員若しくは消防団員若しくは海上保安官に届け出なければならない．」と定められている．したがって，高圧ガスの製造施設が危険な状態になったときは，その製造施設の所有者又は占有者等は，直ちに災害発生の防止のための応急措置を講じなければならない．また，この事態を発見した者は，直ちにその旨を都道府県知事又は警察官，消防吏員，消防団員，海上保安官に届け出なければならない．
　ハ…正　記述のとおり．

問10　正解（3）イ，ロ
　　イ…正　記述のとおり．
　　ロ…正　記述のとおり．
　　ハ…誤
　　　冷凍保安責任者及びその代理者を選任したときは，遅滞なく，その旨を都道府県知事に届け出なければならない．又これを解任したときも，同様とすると定められている．

問11　正解（5）イ，ロ，ハ
　　イ…正　記述のとおり．
　　ロ…正　記述のとおり．
　　ハ…正　記述のとおり．

問12　正解（3）ハ
　　イ…誤
　　　「安全装置のうち安全弁又は破裂板には，放出管を設けること．この場合において，放出管の開口部の位置は，放出する冷媒ガスの性質に応じた適切な位置であること．」と定められている．特に専用機械室に設置してあることや運転中強制換気できる構造とした場合などの除外規定はない．
　　ロ…誤
　　　「受液器にガラス管液面計を設ける場合には，当該ガラス管液面計にはその破損を防止するための措置を講じ，その受液器（可燃性ガス又は毒性ガスを冷媒ガスとする冷媒設備に係るものに限る）とそのガラス管液面計とを接続する配管には，そのガラス管液面計の破損による漏えいを防止するための措置を講ずること．」と定められている．
　　ハ…正　記述のとおり．

問13　正解（5）イ，ロ，ハ
　　イ…正　記述のとおり．
　　ロ…正　記述のとおり．
　　ハ…正　記述のとおり．

問14　正解（4）イ，ロ
　　イ…正　記述のとおり．
　　ロ…正　記述のとおり．
　　ハ…誤
　　　「第一種製造者について相続，合併又は分割（その第一種製造者のその許可に係る事業所を承継させるものに限る）があった場合において，相続人，合併

後存続する法人若しくは合併により設立した法人又は分割によりその事業所を承継した法人は，第一種製造者の地位を承継する.」又,「第一種製造者からその製造のための施設の全部又は一部の引渡しを受け，第5条第1項（第一種製造者）の許可を受けた者は，その第一種製造者が当該製造のための施設につきすでに完成検査を受け，所定の技術上の基準に適合していると認められ，又は所定の検査の記録の届出をした場合にあっては，その施設を使用することができる.」と定められている．したがって，第一種製造者について，相続，合併又は分割があった場合は，所定の届出をすれば第一種製造者の地位を承継することができるが，第一種製造者から製造のための施設の全部又は一部の引渡し（譲り渡し）を受けた者は，新たに都道府県知事の許可を受けなければならない．

問15 正解 (4) ロ，ハ
　　イ…誤
　　　保安検査は，特定施設が製造施設の位置，構造及び設備に係る定められた技術上の基準に適合しているかどうかについて行われる．
　　ロ…正　記述のとおり．
　　ハ…正　記述のとおり．

問16 正解 (4) ロ，ハ
　　イ…誤
　　　「定期自主検査は，第一種製造者の製造施設にあっては省令で定める技術上の基準に適合しているか，又は第二種製造者の製造施設にあっては省令で定める技術上の基準（耐圧試験に係るものを除く）に適合しているかどうかについて，1年に1回以上行わなければならない.」と定められている．したがって，製造設備A及び製造設備B（認定指定設備）とも，定期自主検査を1年に1回以上行わなければならない．
　　ロ…正　記述のとおり．
　　ハ…正　記述のとおり．

問17 正解 (2) ロ
　　イ…誤
　　　「圧縮機，油分離器，凝縮器及び受液器並びにこれらの間の配管は，引火性又は発火性の物（作業に必要なものを除く）をたい積した場所及び火気（当該製造設備内のものを除く.）の付近にないこと．ただし，その火気に対して安全な措置を講じた場合は，この限りでない.」と定められている．特に冷媒ガスがフルオロカーボンの場合についての除外規定はない．
　　ロ…正　記述のとおり．

[解答・解説] 213

ハ…誤

「製造設備に設けたバルブ又はコック（操作ボタンなどによりそのバルブ又はコックを開閉する場合にあっては，その操作ボタンなどとし，操作ボタンなどを使用することなく自動制御で開閉されるバルブ又はコックを除く．以下同じ）には，作業員が当該バルブ又はコックを適切に操作することができるような措置を講ずること．」と定められている．日常の運転操作に必要としないものへの除外規定はない．

問 18 正解 (1) イ

イ…正　記述のとおり．
ロ…誤

「冷媒設備は，許容圧力以上の圧力で行う気密試験及び配管以外の部分について許容圧力の 1.5 倍以上の圧力で水その他の安全な液体を使用して行う耐圧試験（液体を使用することが困難であると認められるときは，許容圧力の 1.25 倍以上の圧力で空気，窒素などの気体を使用して行う耐圧試験）又は経済産業大臣がこれらと同等以上のものと認めた高圧ガス保安協会が行う試験に合格するものであること．」と定められている．したがって，冷媒設備の配管の変更工事の完成検査における気密試験は，許容圧力以上（許容圧力と同じ圧力でもよい）で行わなければならない．

ハ…誤

「冷媒設備（圧縮機（その圧縮機が強制潤滑方式であって，潤滑油圧力に対する保護装置を有するものは除く）の油圧系統を含む．）には，圧力計を設けること．」と定められている．したがって，製造設備 B（認定指定設備）には，自動制御装置が設けてあるが，冷媒設備には圧力計を設けなければならない．

問 19 正解 (1) イ

イ…正　記述のとおり．
ロ…誤

「高圧ガスの製造は，製造する高圧ガスの種類及び製造設備の態様に応じ，1 日に 1 回以上その製造設備の属する製造施設の異常の有無を点検し，異常のあるときは，その設備の補修その他の危険を防止する措置を講じてすること．」と定められている．特に認定指定設備（製造設備 B）の除外規定はない．

ハ…誤

「冷媒設備の修理等をするときは，あらかじめ，修理等の作業計画及びその作業の責任者を定め，修理等は，その作業計画に従い，かつ，その責任者の監視の下に行うこと又は異常があったときに直ちにその旨をその責任者に通報するための措置を講じて行うこと．」と定められている．

問20 正解(5) イ, ロ, ハ
　　イ…正　記述のとおり.
　　ロ…正　記述のとおり.
　　ハ…正　記述のとおり.

◇索　引

❏ア行❏

圧縮ガス ……………………………………… 16
アメリカ冷凍トン …………………………… 21

イエローカード ……………………………… 91
一般則における高圧ガスの廃棄に係る技術
　　上の基準等 ……………………………… 98
移　動 ………………………………………… 90
移動式製造設備 ……………………………… 17

液化ガス ……………………………………… 16
液化ガスの質量の計算方法 ………………… 152

❏カ行❏

回転ピストン型圧縮機のピストン押しのけ
　　量の算出 ………………………………… 32
火気等の制限 ………………………………… 138
可燃性ガス …………………………………… 17
完成検査 ……………………………………… 44
完成検査の受検 ……………………………… 44
完成検査を要しない変更の工事の範囲 …… 45

危害予防規定と保安教育計画の関係 ……… 103
危害予防規定の作成 ………………………… 102
危害予防規定の届出等 ……………………… 103
危害予防規定の目的 ………………………… 103
機　器 ………………………………………… 15
機器の製造に係る技術上の基準 …………… 178
危険時の応急措置 …………………………… 138
危険時の措置及び届出 ……………………… 138
気密試験 ……………………………………… 55
協　会 ………………………………………… 44

協力会社 ……………………………………… 103
許　可 ………………………………………… 9
許可の申請 …………………………………… 37
許可の取消し ………………………………… 37

軽微な変更の工事等 ………………………… 38
ゲージ圧力 …………………………………… 16
現状変更の禁止 ……………………………… 143
現(在)の圧力 ………………………………… 16

項 ……………………………………………… 6
号 ……………………………………………… 6
高圧ガスの区分 ……………………………… 16
高圧ガスの呼称 ……………………………… 16
高圧ガスの充てん …………………………… 151
高圧ガスの消費 ……………………………… 86
高圧ガスの製造 ……………………………… 13
高圧ガスの貯蔵 ……………………………… 77
高圧ガスの定義 ……………………………… 16
高圧ガスの廃棄 ……………………………… 97
高圧ガスの販売 ……………………………… 85
高圧ガスの輸入 ……………………………… 86
高圧ガスの用語の定義 ……………………… 17
高圧ガス保安法 ……………………………… 12
高圧ガス保安法の体系 ……………………… 2
刻印等 ………………………………………… 151

❏サ行❏

災害の発生のおそれがない高圧ガス ……… 21
最高充てん圧力 ……………………………… 154
再充てん禁止容器 …………………………… 150, 154
作業責任者 …………………………………… 71

216　［索　引］

| 事業所 ································· 26, 172
| 事故届 ······································ 143
| 指　定 ·· 9
| 指定完成検査機関 ·························· 44
| 指定設備に係る技術上の基準 ·········· 172
| 指定設備認定証が無効となる設備変更の
| 　工事等 ···································· 168
| 指定設備の定義 ··························· 167
| 指定設備の認定 ··························· 167
| 指定保安検査機関 ························ 125
| 車両に固定した容器による移動に係る技術
| 　上の基準等 ································ 91
| 充てん容器等 ································ 90
| 修理等 ·· 70
| 修理等の作業計画 ·························· 71
| 条 ··· 4
| 常用の温度 ·································· 16
| 承　継 ·· 37
| 条，節，項，号の関連 ····················· 4
| 消　費 ·· 86
|
| 製造施設 ····································· 15
| 製造施設及び製造の方法 ·················· 37
| 製造施設の区分による冷凍保安責任者の
| 　選任 ······································· 114
| 製造施設等の変更 ·························· 38
| 製造設備 ····································· 15
| 製造等の廃止等の届出 ····················· 27
| 製造の許可等 ································ 26
| 製造の届出 ·································· 49
| 接続詞の使い分け ··························· 7
| 選択的接続詞 ································· 8
| その他の場合における移動に係る技術上の
| 　基準等 ······································ 90

❏ タ行 ❏

| 耐圧試験圧力 ······························ 154

| 第一種ガス ·································· 20
| 第一種製造者 ································ 26
| 第二種製造者 ································ 27
| 超低温容器 ································· 153
| 帳　簿 ······································ 142
| 帳簿に記載する事項と保存 ············· 143
| 貯蔵所 ·· 79
| 貯蔵の規制を受けない容積 ··············· 77
| 貯蔵の方法に係る技術上の基準 ········· 77
|
| 継目なし容器 ······························ 153
|
| 低温容器 ··································· 153
| 定期自主検査の規定 ····················· 130
| 定期自主検査を行う製造施設等 ······· 130
| 定置式製造設備 ···························· 17
| 適用除外 ····································· 20
| 電磁的方法 ································ 131
| 電磁的方法による保存 ·················· 131
|
| 登　録 ··· 9
| 毒性ガス ····································· 17
| 認定完成検査実施者 ······················· 44
| 特定高圧ガス ································ 86
| 特定施設 ··································· 124
| 特定施設の範囲等 ························ 125
| 特定設備 ··································· 169
| 特定変更工事 ································ 44
| 届　出 ··· 9

❏ ナ行 ❏

| 日本冷凍トン ································ 21
| 認　定 ··· 9
| 認定指定設備 ······························ 167
| 認定指定設備の条件 ······················· 27
| 認定指定設備の表示 ····················· 173

❏ ハ行 ❏

バルブ等の操作に係る適切な措置 ……………… 57
バルブの操作 ………………………………………… 71
販売事業 ……………………………………………… 85
販売事業の届出 ……………………………………… 85
販売の方法 …………………………………………… 86

標章の掲示 ………………………………………… 149

不活性ガス …………………………………………… 17
不活性でないフルオロカーボン …………………… 17
附属品検査 ………………………………………… 151

併合的接続詞 ………………………………………… 7

保安教育計画の設定と実施 …………………… 108
保安検査の規定 …………………………………… 124
保安体制 …………………………………………… 109
保安統括者等 ……………………………………… 109
法定冷凍トン ………………………………………… 21
法定冷凍能力 ………………………………………… 32
法手続き用語 ………………………………………… 9
法律用語 ……………………………………………… 8

❏ マ行 ❏

丸形ガラス管液面計 ………………………………… 56

❏ ヤ行 ❏

ユニット型冷凍設備 ……………………………… 118

認定保安検査実施者 ……………………………… 125

容　　器 …………………………………………… 153
容器及び附属品のくず化その他の処分 ……… 152
容器検査 …………………………………………… 149
容器再検査 ………………………………………… 150
容器再検査の期間 ………………………………… 150
容器に充てんする高圧ガスの種類又は圧力
　の変更 …………………………………………… 152
容器による貯蔵の方法に係る技術上の基準
　……………………………………………………… 78
容器の刻印等 ……………………………………… 158
容器の刻印等の方式 ……………………………… 158
容器の設計温度 …………………………………… 178
容器の設計圧力 …………………………………… 178
容器の表示 ………………………………………… 159
容器の表示形式 …………………………………… 159
溶接部 ……………………………………………… 179
溶接容器 …………………………………………… 153

❏ ラ行 ❏

冷凍機械責任者免状 ………………………………… 2
冷凍設備に用いる機器の指定 …………………… 178
冷凍則における高圧ガスの廃棄に係る技術
　上の基準等 ……………………………………… 97
冷凍能力 ……………………………………………… 21
冷凍保安責任者選任の必要がない施設 ……… 114
冷凍保安責任者の選任 …………………………… 114
冷凍保安責任者の代理者 ………………………… 117
冷凍保安責任者免状の選任等届出 …………… 117
冷媒設備 ……………………………………………… 17

ろう付け容器 ……………………………………… 154

- 本書の内容に関する質問は，オーム社書籍編集局「(書名を明記)」係宛に，書状または FAX (03-3293-2824)，E-mail (shoseki@ohmsha.co.jp) にてお願いします．お受けできる質問は本書で紹介した内容に限らせていただきます．なお，電話での質問にはお答えできませんので，あらかじめご了承ください．
- 万一，落丁・乱丁の場合は，送料当社負担でお取替えいたします．当社販売課宛にお送りください．
- 本書の一部の複写複製を希望される場合は，本書扉裏を参照してください．

JCOPY ＜(社)出版者著作権管理機構 委託出版物＞

冷凍試験2種・3種 [法令] 受験攻略テキスト

平成27年6月25日　　第1版第1刷発行

編　　集　株式会社　オ　ー　ム　社
発　行　者　村　上　和　夫
発　行　所　株式会社　オ　ー　ム　社
　　　　　　郵便番号　101-8460
　　　　　　東京都千代田区神田錦町 3-1
　　　　　　電　話　03(3233)0641(代表)
　　　　　　URL　http://www.ohmsha.co.jp/

© オーム社 2015

組版　タイプアンドたいぽ　印刷　平河工業社　製本　司巧社
ISBN978-4-274-21765-4　Printed in Japan

関連書籍のご案内

わかりやすい
冷凍空調の実務
改訂3版

石渡憲治 原著
山田信亮・今野祐二・西原正博 共著

A5判・272頁
定価(本体2600円【税別】)

12年ぶりの大改訂!
冷凍・空調業界の実務者・技術者必携の一冊!!

ロングセラーである『わかりやすい冷凍空調の実務』の基本コンセプトや構成は継承しながら、最新の技術・知見を盛り込み、実務者・技術者の日常業務に真に役立つ冷凍空調技術の入門的基本書。ご自身の実務のなかで、ふと感じる疑問やおさえておきたい技術の基本的知識などを幅広くカバーしています。約550項目について『1問1答形式』で簡潔にわかりやすく解説しています。

❖主要目次❖

- 1章 冷凍空調の基礎
- 2章 冷凍方式の種類と特徴
- 3章 冷凍とブライン
- 4章 p-h線図を理解しよう
- 5章 圧縮機の種類と特徴
- 6章 凝縮器の種類と特徴
- 7章 蒸発器の種類と特徴
- 8章 冷媒制御の種類と特徴
- 9章 電気的制御の種類と特徴
- 10章 配管と取付け
- 11章 潤滑油の種類と特徴
- 12章 除霜方法の種類と特徴
- 13章 圧縮機用電動機と駆動法
- 14章 実務に必要な計算方法
- 15章 冷凍空調機器の運転方法
- 16章 冷凍の応用
- 17章 冷却塔の原理と特徴
- 18章 空気調和の基礎知識
- 19章 保安と法規

もっと詳しい情報をお届けできます。
○書店に商品がない場合または直接ご注文の場合は右記宛にご連絡ください。

ホームページ http://www.ohmsha.co.jp/
TEL/FAX TEL.03-3233-0643 FAX.03-3233-3440

(定価は変更される場合があります)